# やってはいけない愛犬のしつけ

中西典子



青春新書
PLAYBOOKS

「よかれ」のつもりが
大間違い！①

# 後悔するかも？やってはいけないしつけ

## 1 甘がみをやめさせようとする

【A】マズルをつかむ

【B】ノドに指を突っ込む

## 2 ひっくり返して押さえつけ、服従姿勢を取らせる

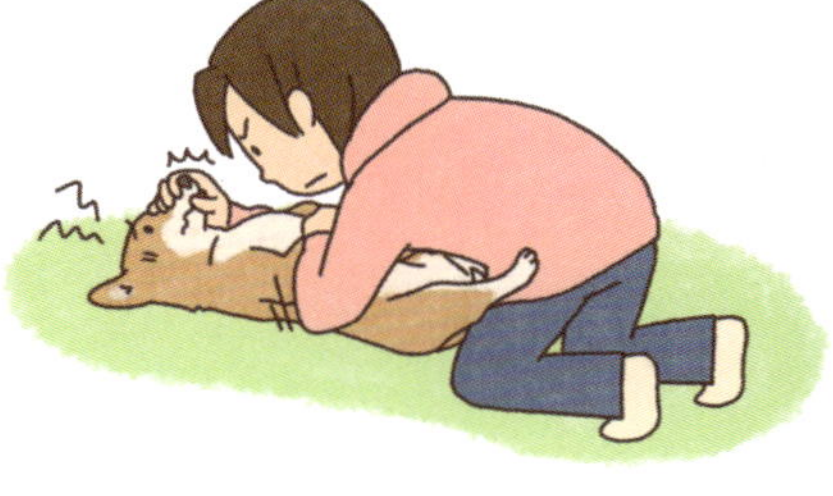

**3** 吠えたらマズルをつかんで怖い顔で叱る

**4** 散歩で、強引に犬を引っ張る、引き戻す

**5** ごはんを目の前に置いて長く待たせる

**6** トイレ以外の場所でそそうをしたら大声や大きな音を立てて叱る

**7** リーダーにならなきゃと暴君のようにふるまう

**8** 犬を自分の思い通りにしようとする

**9** 自宅に迎えた子犬を別室で寝かせ、鳴いても無視する

「よかれ」のつもりが
大間違い！②

# 飼い主さんのその言動、愛犬のストレスに?!

**1** いちいち反応して騒ぐ

**2** （大きな声で言わなくちゃと）わざとらしい演技をする

**3** 犬の反応を無視して話しかけすぎる

## 4 マイナスなエネルギーを放つ言葉、声かけをする

【A】ほめてるつもりがコワすぎる

【B】帰宅が遅くなったとき、悲しげに謝りすぎる

【C】（犬がわざとやったかのように）責める

なぜNGか、どうすればいいかは本文で。

しつけはこの5つだけでいい！ 1

# オスワリ

オヤツで気を引いて上を向かせ、手を上げると自然と犬のお尻は地面につきます。
お尻がついたところでごほうびのオヤツをあげましょう。

## 1 基本の「オスワリ」トレーニング

### ① オヤツに気づかせる

オヤツを持った手を、
犬の鼻先に差し出して
においをかがせ、気を引く。

### ② お尻がつく瞬間に声かけ

オヤツを追わせるようにして、犬が顔を上げるように誘導し、お尻が地面につくようにする。

お尻が地面につく瞬間に「オスワリ」と声をかける。

### ③ オヤツを与える

お尻が地面についている状態で、握っていた手を開き、ごほうびのオヤツをあげる。

## 2 押して「オスワリ」を教えるトレーニング

立ち上がりやすい犬に有効！

「オスワリ」のトレーニングをしようとすると、オヤツを持った（飼い主の）手に飛びつこうとするときは、こちらから鼻先にオヤツを近づけて、そのまま誘導するように座らせる方法がおすすめです。

オヤツを持った手を、
犬の鼻先に持っていき、気を引く。

その手を犬側に少し押すようにして、犬のお尻が地面につくようにする。お尻がつく瞬間に「オスワリ」と声をかけ、オヤツをあげる。

しつけはこの5つだけでいい！

2

# オイデ

オヤツを使って、犬が「飼い主さんの近くに行くといいことが起きるんだな」と覚えるようにトレーニングしていきます。

すぐにできなくても、くり返し練習しましょう。

## 1 犬から離れて立ち、オヤツを差し出す

犬から離れた所に立つ。

座ると、犬が「遊んでくれる」と思ってしまうので、立ってやるのがオススメ。

最初は犬から2〜3歩離れた場所でOK。

オヤツを握った手を犬の顔の高さに差し出す。

**ポイント**

オヤツを手のひらに乗せ、グーになるように握る。オヤツが手の中に入っていなくても、犬はしだいにグーを出して見せると来るようになる。

オヤツを握った手（グーの手）は、必ず犬が届く高さに出す（高すぎる人が多いので要注意）。

## ② 近づいてきたら声をかける

自分の方に犬が確実に近づいてきたら、「オイデ」と声をかける。

## ② オヤツをあげる

手に鼻先をつけたら、手を開いて、中にあるオヤツをあげる。

しつけはこの5つだけでいい！ 3

# マテ

「マテ」は、座らせてから行うのがオススメです。最初は1～2秒という短い時間から、犬に失敗（動いてしまう）を体験させないことが、早く覚えてもらうコツです。

マテ！

## 1 基本のマテ

### ① オスワリをさせる

ごほうびのオヤツを握っておく。座らせ、「マテ」と声をかけて、手を出す。

### ② じっとしている間にオヤツをあげる

最初は、動いてしまうという失敗をさせないように、1～2秒から始める。
じっとしている間に「ヨシ」と声をかけてから、手を動かして、オヤツをあげる。
できるようになったら、5秒、10秒、30秒とのばす。
1日2秒ずつのばすと、1カ月後には1分待てるようになる！

あ、オヤツがもらえた！じっとしてたからだね

## 2 距離をとってのマテ

### ① マテをした状態で、少しずつ離れる

オスワリの状態で「マテ」と声をかける。

犬の様子を見ながら後ずさりしてだんだん離れていく（最初は少しだけ離れるようにする）。

？なんでだろう？

### ② 犬が動く前にオヤツをあげる

待っていられたら、動いてしまう前に戻り、
ごほうびのオヤツをあげる。
「待っていればオヤツがもらえる」と覚えてくれる。

待ってると、オヤツがもらえるんだね

しつけはこの5つだけでいい！ 4

# ハウス

犬が「ハウスは安心できる自分の居場所」とわかるように、お気に入りのオヤツをうまく使ってトレーニングしましょう。

最初は犬の様子を見ながら短めにして、少しずつ時間を長くしましょう。

## ① おもちゃにオヤツを入れる

犬をハウスに誘導するには、お気に入りのオヤツを入れたおもちゃを使うと効果的。

## ② おもちゃで誘導し、「ハウス」と声かけする

クレートの中におもちゃを入れ、犬が中に入ったら「ハウス」と声をかける。

## ③ クレートの扉を閉める

おもちゃに夢中になっているうちに、
そっと扉を閉めて様子を見る。

**ポイント**

がさつに「ガチャン！」という音を立てて閉めると、犬が怖がってしまって入らなくなることもある（怖いからか、かみついてくることも）。

金属音は、動物にとってかなりの嫌悪刺激になる場合があるので要注意。

## ④ 少しずつ滞在時間を長くしていく

短い時間から始め、だんだん滞在時間を長くする。

扉が閉められている間、中で落ち着いてすごせるようになったら、ハウスの中でお留守番もできるようになる。

しつけはこの5つだけでいい！

# トイレ

子犬にトイレを教えるときは、排泄のタイミングを見て、上手にトイレに誘導してあげることが大事です。できるだけ犬につきあい、排泄するたびにほめることで、早く覚えてもらうことができます。

## ① 排泄のタイミングをとらえる

起床後すぐ、食後、運動した後、水分をとった後、興奮した後など、犬が排泄しやすいタイミングを見てトレーニングすると効果的。

## ② トイレに誘導する

ドアを開けてクレートから出したら、オヤツを使ってトイレサークルまで誘導する。

食後や運動後は、オヤツを使って、犬が自分からトイレサークルまで行くようにうながす。

## ③ 入り口から入らせる

トイレサークルの入り口から入らせて、ドアを閉める。

抱っこしてサークルの上から入れると、自分で入ることを覚えないので、入り口から入らせる。

## ④ コマンドでうながす

排泄のしぐさをするまで静かに待つ。排泄を始めたら、やさしく「ワン、ツー、ワン、ツー」などのコマンド（かけ声）をかけてあげる。

## ⑤ できたらすぐにほめる

排泄が終わったら、すぐにほめてあげる。

時間を置いてしまうと、犬は何をほめられたのかわからない。やさしい口調で「イイコ」「エライね」などと言いながら、ごほうびにオヤツをあげる。

## ⑥ 外に出して遊ばせる

トイレサークルのドアを開けて、外に出す。時間があれば、遊んであげたり、散歩に出かけましょう。オヤツよりも、遊んでもらうことがごほうびになる犬もいるので、犬が喜ぶことをしてあげましょう。

## はじめに――2100頭の愛犬たちが教えてくれた「新しいしつけ」

「とにかくよく吠える。近所迷惑なので困る」

「嫌なことをされると、かむ。どうにかしたい」

「トイレをあちこちでしちゃう。どうすれば覚えてくれるんだろう」

「散歩で、グイグイ引っ張る。なんとかならないものか……」

……犬を飼っている多くの人たちが、お悩みを抱えているようです。


**しかし、その悩みを解決しようとしてかえって関係を悪くしてしまっているケースが、驚くほど多いのです。**


なんとかお手伝いができないだろうかという思いから、この本は生まれました。

子犬たちは「遊ぼう！」と言いたくて「甘がみ」をしているだけなのに、怖い顔で叱ったり、子犬が「キャン！」と鳴くほど叩いたり、あおむけにしてノドに手を突っ込んだりしてしまう。私がレッスンで拝見して、

「残念ですが、かむようになったのは『間違ったしつけ』をされたことが原因かも……」

とお話しすると、皆さん驚いて、

「え⁈　そうしなきゃダメって言われて……あんなことしたくてしたわけじゃないのに」と、涙ながらに話されます。

甘がみは子犬からの「遊ぼう！」「大好き！」というメッセージです。正しい知識を持っていれば避けられた悲劇です。正しい知識の代わりに、世の中には「間違ったしつけの常識」と言うべき情報があふれています。

「おりこうな犬にしたい」という方もいらっしゃるかもしれません。しかし、それは愛犬と幸せに暮らすために本当に必要なことでしょうか？　そもそも、「おりこうな犬」って、吠えない、かまない、トイレをあちこちでしない、散歩で引っ張らない、家具や物をかじらない……そういう犬でしょうか（どれも犬にとっては自然な行動ばかりなのです）。

飼い主さんや人間社会にとって都合がいい犬＝《イコール》「おりこう」だとすると、犬たちにとっては窮屈ではないか、それで彼らはハッピーなのかな……多くの犬たちと向き合うなかで、私はそんなふうに思うようになりました。

なぜ、愛犬がその行動をするのか。ここを正しく理解できれば、それに対して飼い主はどうすればいいかがわかり、「しつけ」の悩みはなくなり心は軽くなります。愛犬との幸

## 犬種別トップ10　16年間のレッスンで出会ってきた愛犬の数

| | | |
|---|---|---|
| 1 | トイプードル | 292 |
| 2 | ミニチュアダックスフンド | 278 |
| 3 | ミニチュアシュナウザー | 223 |
| 4 | チワワ | 171 |
| 5 | 柴犬 | 79 |
| 6 | パピヨン | 64 |
| 7 | フレンチブルドッグ | 58 |
| 8 | ウェルシュコーギー | 51 |
| 9 | ヨークシャーテリア | 48 |
| 10 | ジャックラッセルテリア | 46 |

（単位：頭。2019 年 4 月時点）

せな暮らしは、その先に待っているのだと思います。

「犬を飼う」ということが、私が子供のころに飼っていた時代に比べて劇的に変わりました。犬とのつきあい方が、ペット先進国である欧米の影響を受けたからだと思います。

私が自分の責任で飼い始めた20年ほど前の「しつけ」は、オオカミの習性を参考にしたものが主流でした。「オオカミの群れには厳しい主従関係がある。犬の祖先はオオカミだ。だから人と犬の関係にも主従関係が必要。人間がリーダーにならないと、犬は自分が上だと思ってしまう」とされていました（いわゆる「リーダー論」です）。

しかし、アメリカやカナダで行われた野生のオオカミに関する研究によると、主従関係があるとされた群れは、無作為に選ばれ囲いの中に入れられた〝囚われのオオカミたち〟、人間でいえば軍隊や会社組織のような集団だったのです（〝囚われ〟ではない自然界のオオカミの群れは、家族でした。オオカミたちは家族で暮らす動物だったのです）。

イエローストーン国立公園、バンフ国立公園に生息する群れの観察によると、オオカミの群れは家族単位で生活し、最終的に意思決定をするのはお父さん、お母さんオオカミです。しかし場面によって主導権を握るオオカミは替わり、厳しい主従関係はなかったとされています。「飼い主と犬には主従関係が必要」という説は、根拠を失ったことになります。

**これまで16年間で2100頭以上の犬たちと、出張レッスンでじっくり向き合ってきました。飼い主さんと犬たちから伝わってくるのは、主従関係ではありませんでした。自宅でも7頭と暮らしてきましたが、つきあえばつきあうほど、愛犬たちとの関係には主従などないことを実感しています。**

飼い主さんのほとんどは、愛犬と仲良く、幸せになりたいと思っていると思います。

今までレッスンで出会った何人もの飼い主さんが、

「もっと早く見てもらえていたら、あんなことをせずにすんだのに」

「こんなに悩むことなく、(愛犬と)つきあえていたのに」

と言ってくださいました。

飼い主さんたちはみんな、良かれと思ってしつけをしようとするのです。なのになぜ、愛犬との関係をうまく作れずに悩んでしまうのだろう? 私はずっと考えてきました。

原因は間違った情報、愛犬と幸せな関係を作るためにはふさわしくない情報でした(先に紹介した「リーダー論」もそのひとつです)。

世の中にあふれる情報には、正しいものも間違ったものもあります。「愛犬のしつけ」についても同じことです。「そんなことをしたらトラウマになるかも?!」と驚いてしまうような情報が、あたかも定説かのように堂々と語られています。

どれが愛犬と自分にとってふさわしいものなのか、判断が難しいのも事実だと思います。

そこで、この本では、私が16年間、2100頭以上の犬たちと出会って経験してきたことから日々痛感している「やってはいけないしつけ」を取り上げ、なぜそうしてはいけないのか、どうすればいいのかを解説していきます。

愛犬と幸せな暮らしができるよう、お役に立てたら幸いです。

Part 1

# こんなに変わった！「愛犬」の常識

Part 2

# 「いい子」にしようと頑張っていませんか？

Part 4

# やってはいけない愛犬のしつけ

## かみぐせ

Part 5

# やってはいけない愛犬のしつけ
## 吠える・鳴く／暴れる／お留守番

### 吠える



### お留守番



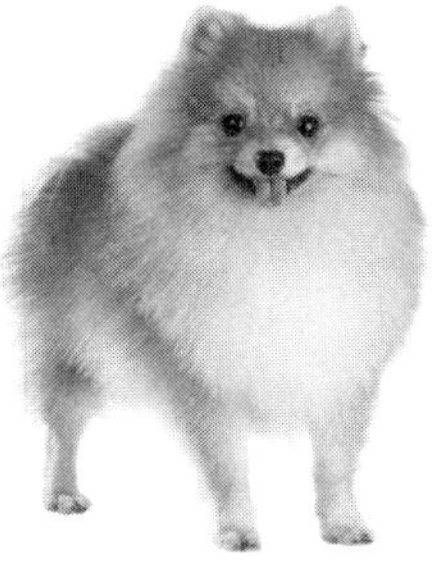

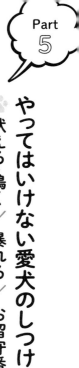

Part 6

# やってはいけない愛犬のしつけ

## 飛びつき

Part 7

# やってはいけない愛犬のしつけ

## 散歩

## Part 8

# やってはいけない愛犬のしつけ

### 社会化

スタッフ

写真撮影（カラー口絵）／中村陽子（ドッグファースト）

モデル／トイプードル…高橋ＭＯＣＯ、高橋ＰＡＬ

ジャックラッセルテリア…中村ＰＯＰ

イラスト／ヨギトモコ

モノクロ写真／Shutterstock

本文デザイン／青木佐和子

我が家の愛犬はどんな性格・性質？

# 犬種による違いについて

ここでは、「この犬種はこうです」という話をするつもりはありません。なぜかというと、この仕事を始めたころは、犬種図鑑を見て「この犬種はこうなのか」と影響を受けたこともありましたが、経験を重ねて何頭もの犬たちと向き合っていくうちに、「この犬種はこうです」と、どんどん言えなくなってしまったからです。

たとえばトイプードル。今まで300頭近く出会ってきましたが、繊細な子や元気な子など、まったく真逆の性質の犬もいます。飼い主さんとの相互作用もあって、とても「この犬種だからこうです」とは言えなくなってしまったのです。それでもなんとなく、この犬種はこういうところがあるかなと感じるところもあります。ここでは私が出会って感じたことを参考までに紹介します。

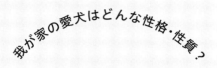

# シェットランドシープドッグ

第１グループ
牧羊犬

この犬種に関しては、実家で飼っていた我が家の愛犬たちについてお話しするのがいいかと思います。

小学校3年生で庭がある家に住むことになり、念願だった犬を飼えることになりました。当時、テレビで「名犬ラッシー」という番組をやっており、私は賢くて美しいラッシーの大ファンでした。しかし、我が家の庭はラフコリーを迎えられるほど広くなく、似ていて小さい、ということでシェットランドシープドッグ（愛称はシェルティー）を飼うことになりました。

今になって母と妹と話すのですが、先代ハッピーもそのあと迎えたロッキーも、しつけというしつけはしなかったのに、人なつこくて本当にいい子でした。

ただ、よく吠えました。牧羊犬だからと思うのですが、どちらも動くものを追いかけながらよく吠えました。庭からよく見える道が近くにあった中学校のマラソンコースになっていて、体育の時間は1クラス分の生徒が駆け抜ける間、ずっと吠え続けてとても困ったことがありました。

しかし、思い出してみると不思議なもので、それに関してクレームをいただいたことは一度もなかったのです。それどころか、近所のみなさんは笑顔で「ハッピーは元気だなぁ」と、嫌味ではなくそう声をかけてくれたものでした。嫌味ではない証拠に、ハッピーの愛らしさに惹かれたお隣さん、そのお隣さんも、次々とシェットランドシープドッグを飼い始めたのでした。

　近所のおじさんに向かってもうれしくて元気に吠えたので、まるで番犬にはなりませんでした。誰にでも吠える犬が吠えていても、誰も不審に思わないからです。

　シェルティーと同じ牧羊犬のグループに、ボーダーコリー、ウェルシュコーギー、オーストラリアンシェパードなどがいますが、傾向としては、動くもの、ジョギングをしている人、自転車、自動車を追いかけやすいと感じます。危険な場合は、その行動をさせないようにしなければなりませんが、本当はそれができたらとてもうれしいのだろうな、と思うと複雑な気持ちになります。

　犬と一緒にアクティブライフを楽しめる人にとっては、賢くしなやかな訓練性能を持つシェルティーは最高のパートナーになるでしょう。

# ジャックラッセルテリア

第2グループ
テリア

初めてお客様のところで出会ったジャックラッセルテリアと引っ張りっこをして遊んだとき、シュナウザーとは違うパワフルさを感じて、あらためてこの犬種の魅力を確認したことを思い出します。

犬と遊んでいるとき、「興奮させすぎてはいけない」と言われることがありますが、出張レッスンを立ち上げたばかりのころの私は「そうは言ったって遊びなんだから、そんなに神経質にならなくてもいいのでは？」と思っていました。

今思えば、訓練所でやりたい行動を抑圧されていたラブラドールレトリーバーや、自分が飼っているミニチュアシュナウザーしか知らなかったのですから、当たり前といえば当たり前です。

そんな私に、「小型犬とはいえ興奮しすぎるとちょっと怖いかも！」という経験をさせてくれたのがジャックラッセルテリアでした。

あるとき、室内ドッグランから愛犬を置いて出て行った飼い主さんの後を追おうとしたジャックラッセルテリアが、私の目の前で、とても飛び越えられると思えない、胸くらいの高さがあるゲートに向かって飛びついて、つかまったままジワジワと体を引き上げていき、乗り越えたことがありました。

幸いもう一つゲートがあって外へは出られず、危険な目にあうことは避けられましたが、その能力を見て惚れ惚れしました。

ジャックラッセルテリアを含むテリア種は、小害獣と闘える気質を持ち合わせていることが多く、そうした犬たちは自分に危険が迫った場合、飼い主の指示を待たずに自分で判断して、その場を切り抜ける器量が求められます。

「追い詰めたキツネがすごく怒って攻撃してくるんですけれど、どうすればいいですか？」とやっているヒマはないのです。

つまり、指示を待たない、時には不服従も必要ということで、その自立心（？）が、人間との共生において不都合に感じられることもあるようです。

ジャックラッセルテリアの本能的な部分を愛し、優れた身体能力、高い集中力を活かせるつきあい方ができる人と抜群に相性がいいかと思います。

第３グループ
嗅覚ハウンド

# ビーグル

レッスンで出会ったのは27頭で14位。

相談内容で多いのが、「散歩で掃除機のように、においをかいで困る」というものです。それに対して私は「そういう犬種なのです」と答えます。

ある動物の行動学が専門の先生が、ドッグトレーナーから「散歩のときに（犬が）においをかいで困る」と相談されてびっくり仰天したとおっしゃっていました。

先生は「犬はにおいをかぐ動物ですよねぇ？」と苦笑いしていました。しかも人間は彼らの優れた嗅覚を利用しているのです。

ハワイの空港で、私の前を歩いていたご婦人のリュックに、ハンドラーに連れられたビーグルが飛びついたことがありました。犬好きな私は、「自分もやられたい！」という衝動に駆られましたが、そのビーグルは仕事中だったのです。ハワイでは外国から持ち込みが禁止されている食べ物があり、前足をかけられた方のリュックには、食べたみかんの皮が入っていました。

また、あるＤＶＤで、ビーグルがシロアリを見つける訓練をしている様子を見たことがあります。人間だけで作業するよりも何倍も経費が削減できるそうです。

作業意欲も高く、優秀なハンターでもあるビーグルは、においをかぐという行動を理解し、お互いハッピーになるために努力を惜しまない人に向いている犬種かと思います。

たとえば、においをかいでも大丈夫な道を歩くという工夫ができる、かがせても拾い食いはさせないという配慮ができる人は、最高のパートナーになります。

## ミニチュアシュナウザー

第4グループ
使役犬

レッスンで出会った数は223頭です（ジャパンケネルクラブ（JKC）の調べによると、飼育頭数トップは2位のチワワに1・5倍ほどの差をつけてトイプードル、3位はミニチュアダックスフンド。ミニチュアシュナウザーは6位（2018年））。

以前、酒好きが高じてショットバーを経営していた時期があるのですが、夜の仕事になり昼間に時間ができたこともあって、ミニチュアシュナウザー、ロック（オス。2007年没）を迎えることになりました。最初はシェルティーが欲しかったのですが、あの吠えを思い出すと、とても都会で飼う気にはなりませんでした。この出会いが私を、シュナウザーの魅力へとグングン引き込むことになりました。ロックとの出会いがなかったら、今の私の人生はありません。

シュナウザーの魅力を一言でいうならば、「情の深さ」でしょうか。それでいて心地よい犬らしさも持ち合わせていて、彼らとのつきあいにおいては、おかしな「しつけ」で抑えつけすぎて、魅力であるお茶目な面を潰さないように注意が必要です。

犬のしつけで「主従関係が必要」というのがあるようですが、とんでもない！　どの犬種もそうかもしれませんが、特にシュナウザーの場合には、そんな気持ちでいたら絆を深めることはできません。

シュナウザーは、ちょっと不器用なところがあって、それが魅力的だと私は思っていますが、それでいて繊細なところもあります。

たまにはこちらが下になったフリをして自信を持たせて、それでいて大きな心でその子のすべてを受け止める。そんな関係が作れる人にとって、最高のパートナーとなること間違いありません。

# ミニチュアダックスフンド

第5グループ
ダックスフンド

研修先のシドニーから帰国した当時、日本で流行っていた犬種が、ミニチュアダックスフンドでした。私のレッスンでも堂々2位、278頭と出会ってきました。

短い足でちょこちょこ歩く姿は、なんとも愛らしく人間の目に映るのでしょう。

ただ、その体型は、ジャンプをさせすぎない方がいいなど、注意してやった方がいいこともあるようです。

穴の中に住む小害獣を駆除するために改良された犬種なので、穴に入りやすいように足が短く、しかし体の大きさに対しては太く、それがまた愛らしく見えるようです。

穴の中から外にいるハンターに声が聞こえるように、声が大きいという特徴もあり、確かにレッスンでは「吠え」の問題でお悩みのケースをたくさん思い出せます。

狩りをする犬の特徴として、根気がある（しつこい、あきらめが

悪い?)という気質も、しばしば人間との共生において不便なこともあるようです。

しかし学習能力は低くないので、「吠えないで他の行動をする」ということを教えられる飼い主であれば、情を感じ合える深い関係が作れる相手だと思います。

愛玩犬というイメージが強い犬種ですが、実は作業意欲は見た目より高いと思います。ヒマになると自ら作業(人はそれを「イタズラ」と呼ぶ?)をすることも少なくありません。

しっかりと理解し受け止めて、ただガマンさせるのではなく、危険がない範囲でやりたいことをやらせてやるという配慮ができる人にとって、すばらしいパートナーになる犬種だと思います。

## ラブラドール/ゴールデンレトリーバー

第6グループ

レトリーバー、スパニエル、ウォータードッグ

訓練所に勤務していたとき、50頭近くのラブラドールレトリーバーとつきあってきました。

賢いと言われる犬種ですが、その賢さはさらにレトリーバーの中でも差があったように思います。特に訓練をしながら向き合っていましたので、一頭一頭の性格を把握して、すべてこちらの動きを変えなければなりませんでした。当たり前といえば当たり前のことですが。

盲導犬、介助犬といえばラブラドールといわれるように訓練性能の高い犬種には違いないのですが、ハンドラー、飼い主さんによってその良さを良さとできるか、あるいはモンダイ行動

としてしまうか、その差がある犬種でもあるかと思います。

訓練性能は高いですが、それと同じくらいかそれ以上に人間のことが大好きな子も多く、そのバランスをうまく扱える人に迎えて欲しい犬種でもあります。

レッスンでは44頭と向き合い、ランキングは12位。

ゴールデンレトリーバーもよく似ている犬種と感じますが、盲導犬、介助犬になる犬は多くないようです。家庭犬としては人気が高い犬種で、日本でも一時流行り、今でも根強い人気があります。レッスンで39頭と向き合い、ランキングはラブラドールに続いて13位です。

どちらも明るく人なつこいイメージが強いですが、もちろんいろんな子がいます。特に私の仕事は、問題行動があるとされる犬に会いに行く仕事ですので、中には逆に神経質で近寄れない、触れないという子もいました。

ゴールデンが赤ちゃんをかんでしまった、という事件がありました。私も警視庁記者クラブの取材を受けたのですが、多くのメディアが、ゴールデンは穏やかで、当該の犬もとてもいい子だった、という表現をしているのが気になりました。

少なくとも、レッスンで出会ってきた39頭には穏やかという印象を持ったことがないからです。私たちが思っている以上に、彼らは繊細なところがあるのでは、と思います。

レトリーバーは、アクティブで一緒に作業を楽しめる人と相性がいいと思います。

窮屈すぎず、自由すぎず、彼らの声をよく聞いてバランスよくつきあえる人にとっては、とてつもない魅力を持つ犬種です。

第7グループ

# 愛玩犬

**トイプードル、チワワ、フレンチブルドッグ、ボストンテリア、パグ**

少々乱暴ですが、愛玩犬と呼ばれる犬種について考えてみたいと思います。

そもそも、愛玩犬という言葉自体が私にはしっくりきません。人間側の都合に従ったおかしなネーミングだなと思います（「どの犬だって愛玩犬といえないこともないのでは？」という気がします）。

愛玩犬と聞いて一番に思いつくのは、日本でダントツの登録頭数を誇る、トイプードルです。レッスン数も292頭で第1位。

では、飼いやすいのか、というとそうでもないのではと思います。

　もちろん、「飼いやすい」という言葉は、飼い主さんがどういう意味で使うかに大きく影響を受けると思うのですが、それでも彼らの賢さは、やはり飼いやすいと言うには憚られます。

　飼いやすいという言葉が「人にとって都合がよい」という意味を含むのであれば、彼らのように賢い犬は、決して飼いやすいわけではありません。

　賢い犬ほど、自分の都合をうまく優先することに長けているからです。もちろんそれを愛おしいと思える人であれば、トイプードルは素晴らしいパートナーになります。

トイプードル

　チワワも愛玩犬として揺るぎない地位を獲得していると言えます。レッスン数は171頭で第4位。
　飼い主さんたちが口をそろえて「ガンコなところがあります」という印象が強いと感じています。しかし、ガンコとはいじわるな言い方で、自己主張をしっかりと持った犬種と言えます。気質によっては、大型犬と同じように訓練をこなす子もいます。
　小さくて愛らしい姿の中に犬としての気品や行動力を見るとき、さらに彼らの魅力が引き出

チワワ

されるように思います。

　フレンチブルドッグ、パグ、ボストンテリアなどもこのグループに入ります。いわゆるツブレ顔が魅力の犬たちです。どれも元気で快活な犬が多いイメージです。レッスン数は、フレンチブルドッグ58頭で7位、ボストンテリアは22頭で18位、パグは15頭で24位です。

フレンチブルドッグ

パグ

　人間がかなり改良しているため、呼吸に問題があることも多く、飼い主さんが苦労するところでもあるようです。特に暑さに弱いので、夏は環境管理がとても大切です。

　また、呼吸音が特殊なため、他の犬種から警戒されて吠えられたりすることも多いようです。

　人間の勝手な思いではありますが、あの愛らしい顔を眺めるとなんとも癒されると感じる人は多いのではないでしょうか。

ボストンテリア

# 柴犬

第８グループ
プリミティブドッグ

日本犬の中でも、そのサイズが飼いやすいこともあるのか、一番人気です。昔から流行りに関係なくよく見かける犬種なのに、最近では飼いやすい犬種、とは言われないような気がするのはなぜでしょう？

これは私の憶測ですが、海外のトレーニングやしつけの常識を取り入れた、今の日本のいわゆる「犬のしつけ」は、柴犬には合わないことが多いからではないでしょうか。

特に、「抑えつけなければならない」「上下関係が大事（人が上、犬は下）」と謳っている系のトレーニングは向かないどころか、かえって攻撃性を引き出してしまい、かむようにしてしまったケースをたくさん見てきました。

レッスンで出会った数は79頭、第５位です。

相談内容は、かみつきが一番多いという印象がある犬種でもあります。もちろん、彼らは意味があってかんでいるので、それを「かみぐせ」と呼ぶのはしっくりきません。

私は今まで接してきて、それは彼らからの「怖い」「嫌だ」「やめて」というメッセージだと感じています。そして柴犬はそれらのメッセージを出しやすいという印象があります。

プライドが高いと見ることもできるし、不器用だと見ることもできるのではないでしょうか。どちらも、人間にとって都合が悪いことになりやすいかもしれませんが、逆にそれが彼らの魅力と考えることもできます。

そうした犬たちと幸せな共生をするためには、飼い主にもそれを受け入れられる器量が必要だと思います。

それができる人にとっては、柴犬をパートナーとすることほど飼い主の醍醐味を感じられることはないのでは、とさえ思います。

ある狩人さんの記事に、「柴犬をはじめ、日本犬には狩りの仕方を教える必要はない」と書いてありました。一緒に山を歩いているとき、何かが犬たちのスイッチを入れる。

そうしたら狩りを教える必要はなく、自然に本能が芽生えるので、人間はその邪魔をしないようにしなければならない。そんなことが書いてありました。

柴犬とのつきあいは、抑えつけたり、コントロールしようとしたりすると失敗するケースが多いです。

「主従」という関係ではなく、お互いを尊重する、上級レベルの信頼関係を楽しめる人にとっては、柴犬は最高のパートナーとなってくれるでしょう。

# 子犬のハウスの例

子犬は、成犬に比べてオシッコ・ウンチをガマンできる時間が短いです。なので、様子を見てトイレに誘導してあげましょう。

そそうをしてしまっても体が汚れないようにしておきましょう。

## クレートで飼っている場合

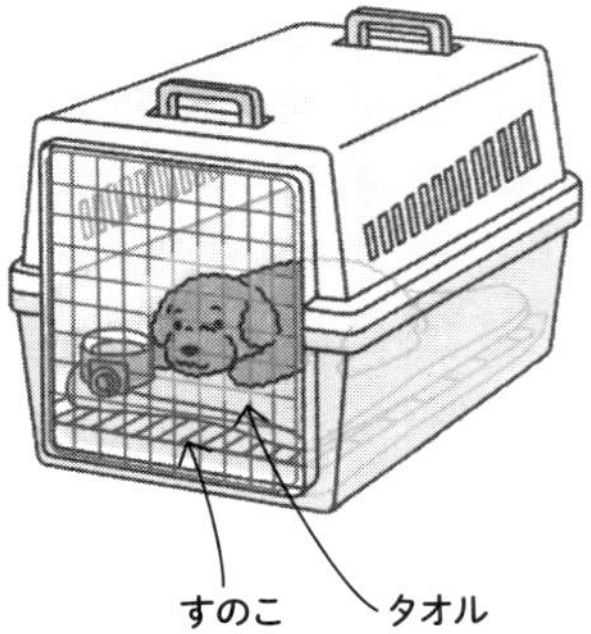


子犬はクレートから出してあげるまでガマンできず、中でオシッコ・ウンチをしてしまうことがあります。
すのこを入れ、その上に大きめのタオルをしいてあげると、そそうしても体が汚れず清潔です。

## サークル（ケージ）にトイレとベッドを置くスタイル

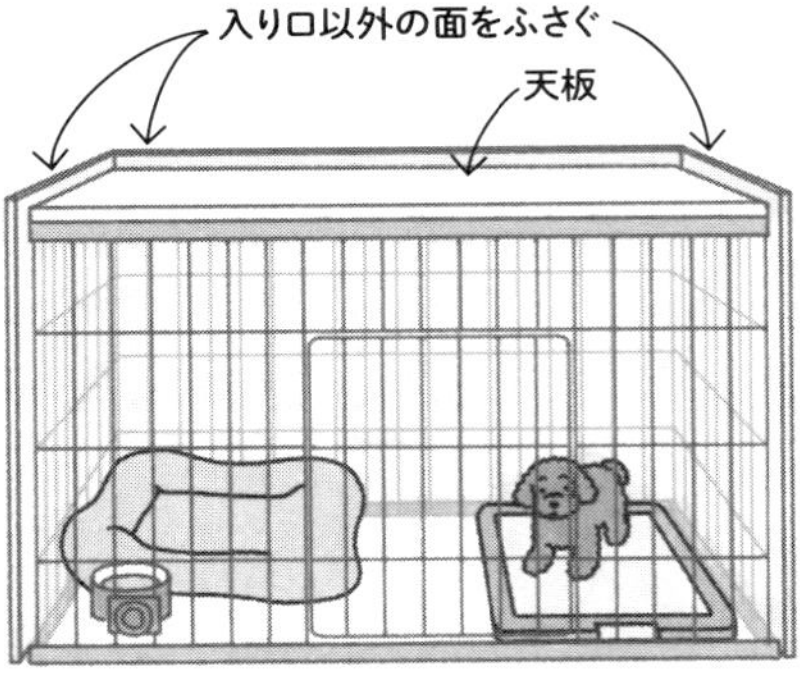


サークル（ケージ）をハウスにして、中にクレートが置けない場合には、トイレとベッドを置くといいでしょう。
上が開いている場合には、脱走することもあるので、天板をつけた方がいいでしょう。入り口以外の三方を目隠しすると落ち着かせることができます。

# 成犬のハウスの例

クレートは体の成長に合わせて、ちょうどいい大きさのものを用意してあげましょう。長時間のお留守番では、サークル（ケージ）の中にトイレとクレートを入れてあげるといいでしょう。

## 落ち着いてすごせるようになったら

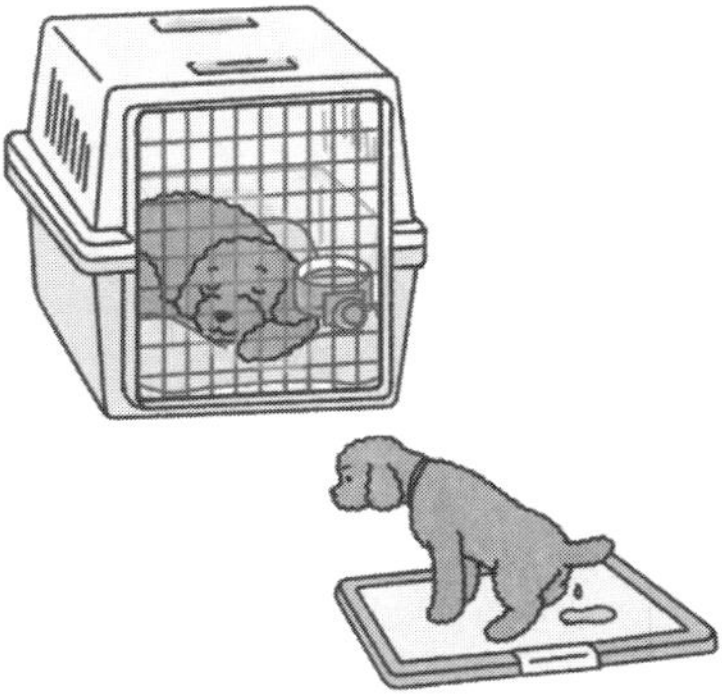

クレートの扉を閉めても落ち着いてすごせるようになったら、必要なときだけ入れて、あとは自由にしてもOK。
クレートに入っているときは、なるべくかまわないようにしましょう。
長時間入ってもらうときは、6〜7時間で一度外に出して、排泄させましょう。

## サークル（ケージ）の中にクレートを置くスタイル

サークル（ケージ）が大きい場合には、中にクレートを入れるのもおすすめです。
クレートの扉は開けておき、自由にトイレに行けるようにしてやるといいでしょう。

# Part 1
# こんなに変わった！「愛犬」の常識

## Q ちゃんとしつけないと「自分が王様、家族は家来」になっちゃう？

### A そんなことはありません

犬の先祖はオオカミなので、そのオオカミの習性を参考にして犬と接すればいい、と考えた人がいたのでそのように言われていました。

しかし、その説は崩れました。「オオカミの群れに順位があった」とした説は、囲いの中に家族ではないオオカミを無作為に入れた群れを観察した結果でしたが、本当の群れは、お父さんオオカミ、お母さんオオカミ、兄弟オオカミで構成されている家族だったことがわかったのです。

つまり、オオカミたちの群れには王様も家来もいなかったのです。主従関係、上下関係などはなく、あったのは場面における役割で、群れのリーダーとされるお父さんオオカミは、獲物を仕留めたあと、周囲の安全を確認し、群れのみんながお腹いっぱいになるまで近くで寝ているそうです。

**犬が飼い主をバカにするとか、自分が優位だと勘違いするようなことはないのです。**

オオカミの群れを観察した本を読んでいて気づいたことがあります。野生のオオカミはもちろんのこと囲いの中のオオカミも、人間が囲いの中に入ったとき、彼らの方から人間に近づこうとはしないのです。人間が檻の中に入ると逃げ回り、近づけるようになるまで何週間もかかったというのです。

それを読んで、レッスンで出会う犬たちを振り返ってみました。レッスンでお客さん宅へうかがって玄関から中へ入るのですが、犬たちは逃げないで私に吠えかかってくることがあります。怖くて吠えているのはその表情などから明らかなのですが、私の手が届かないくらいの距離を保って吠え続けます。逃げまくるオオカミたちとは全然違うことになります。だったら、「オオカミの習性を参考に犬たちのしつけを考えるのも、そもそも違うのでは?」と私は思うようになりました。

**犬は人と出会って十分進化(?)していると考え、オオカミの習性を参考にするなどということはやめたほうがいいのではないでしょうか。**

**おかしな情報やマニュアルに惑わされることなく、犬ができるだけ犬らしく生きられるためにはどうするのがよいのか、それを考えてやれる飼い主でありたいものです。**

# Q ごはんは家族の残りものでいい？

## A 良質のドッグフードや、獣医師監修で書かれたレシピを参考に手作りごはんを

私が初めて犬を飼った1975年ごろは、たしかに残飯を食べていた犬たちはたくさんいました。当時の我が家の犬たちには、今考えたら絶対にあげないだろうと思われる市販のフードを食べさせていましたが、お向かいの家の庭で飼われていた子は、おいしそうな味噌汁かけごはんのようなものを食べていました。

しかし時代は変わり、海外からたくさんのドッグフードが輸入されるようになりました。最近では国産の良質な素材を使った、ヘルシーでおいしそうなドッグフードもどんどん増えてきています。輸送のことを考えると、できたてのフードが数日で配送可能な国産フードは、とてもいいのではと思います。

値段に関しては、安心して与えられるフードは1kgあたり1000円以上と言われてい

るようですが、個人的には1kg3000円くらいのものを与えた方が良いのではと思っています。海外の良質なもので1kg5000円くらいのものや、国産で1kg1万円くらいのものもあります。

最近は人間において注目されるようになった食育の考え方が、飼い主の間でも注目されるようになり、犬のごはんに関するセミナーもたくさん開催され人気があるようです。

私は、4頭の愛犬たちを病気で亡くしているので、彼らの体をつくる「食」には特に強い思い入れがあり、アメリカで資格を取得された先生にレシピを書いていただいて、できるだけ一緒に食べられるよい食材を使って犬たちのごはんを手作りしています。手間がかかりますが、愛犬たちの健康をチェックする大事な時間でもあるので、それなりに楽しい時間です。食べる様子で体調の良し悪しもすぐにわかります。

**「人間が食べるものを与えると、犬が自分を飼い主と同等だと思うようになる」という説があるようですが、そんなことはありません。**

**ただし、人間と同じ味つけはNGです。犬は人間と同じように汗をかくことができないので、塩分の摂りすぎには注意しましょう。**

# Q 子どものころ庭で飼っていた。今も庭でOK？

## A 特に都会では、庭で飼っている方が断然少ない

私は小さいころから犬が好きだったのですが、親から「庭がないから飼えない」と言われて、子どもなりに納得していました。

今となってはなんだか騙された気分です（笑）。

特に今は都会では、外で飼っていると「かわいそう」と言われることもあるようで、SNSなどに外で飼われている様子がアップされて「助けてあげて欲しい」とコメントされていることもあります。

私の営業エリア（主に東京と、東京寄りの埼玉、神奈川、千葉あたり）では、レッスンで伺うお宅の99％が室内飼いと言っても過言ではなく、そのほとんどがマンションです。

今までレッスンで伺った2100頭のうち、外で飼われていたのはわずか数頭です。

外で飼われていた時代から、現在は圧倒的に室内で飼われている犬が多くなりました。

**室内で飼うことによって私たちと犬たちとの距離はグンと近くなり、犬とはこれほど人間の言葉を理解し、気持ちを察知し、心からつながれる相手だったのかと、あらためて実感させられます。**

こうして犬たちは、飼い主にとってかけがえのない存在になるのです。

本気だとは思いませんが（あまり追及しないでおきます）、「夫より愛犬！」という奥さんも少なくないように感じます（もちろん、その逆も然り？）。あるいは子どものように「かすがい」となっていることも少なくありません。

イヌ科の動物は群れで暮らします。一緒に移動し、一緒に眠ります。そう考えると、人間は家の中に入り、窓や扉は閉じられて犬は外にいる、という状況は理想ではない気がします。

私は犬たちと一緒に暮らし、一緒にごはんを食べて、一緒に眠ります。まったりしたいときはソファに寝そべると、必ず犬たちがやってきてそばでまったりします。

子どものころ飼っていた犬たちは、小さな庭に作られた犬小屋で寝ていました。今では想像するだけで胸が痛くなります。

## Q 寿命は10年くらい？

### A 個体差はありますが、10〜13歳と言われています

私が子供のころに飼われていた犬たちの寿命は8歳くらいだったかと思います。中西家の犬たちの寿命も8歳前後でした。

今考えたら胸が苦しくなりますが、蚊を媒介してうつるフィラリアという病気は、体内に入った卵が羽化し、放っておくと幼虫が成長して8年くらいで犬を死に至らしめるということなので、犬たちはフィラリアで亡くなった可能性が高いと思います。両親が薬をあげていたかどうかはわかりませんが、当時は薬をあげていたのに亡くなることもあったようです。

**今では良い薬がありますので、フィラリアで亡くなる犬の数は激減しています。**

自分の責任で犬を飼い始めた20年前に比べて、獣医療は大変進歩したと感じます。今だ

ったら、最初に亡くした愛犬は死なずにすんだかもしれません。しかし、獣医師によって差があることも、4頭の闘病によって14件の動物病院にお世話になった経験から感じています。

**犬を飼ったら、信頼できる動物病院を探しておくことが一番重要なことなのではと思います。**

ドッグフードの質が良くなったことも、犬たちの寿命を伸ばしている要因かと思います。犬の世界でも食育に関心が高まり、栄養学などを学ばれた動物看護師、栄養士の先生が手作りごはんの作り方を教えてくれるセミナーもたくさんあります。

そうしたセミナーを受講して手作りごはんを作る飼い主さんも増え、犬の体が健康であることに大いに貢献したり、治療をしたくても医療費が高くてできなかった飼い主さんたちをサポートする保険の制度も整ってきていることなどもあり、犬の寿命は伸びてきています。

**一般的には、大型犬に比べると小型犬の方が寿命が長いと言われています。平均は10〜13歳と言われていますが、特に小型犬は15歳、17歳まで生きる犬たちも少なくないと感じています。**

# Q ペットショップでかわいい子を選べばOK？

## A 子犬を迎えるなら、優良ブリーダーから迎えるのがおすすめ

すべてのペットショップとは言いませんが、ガラスケースに入れられている子犬たちの年齢がとても幼いことに驚くことがあります。

私自身、繁殖をしたことがあり、生まれてから歩き出すまで一緒に暮らして、四十数日しかたっていない子犬を親兄弟から引き離し、段ボールに入れて競り市に出し、競り落とされて段ボールの箱に入ったままペットショップへ運ばれて、ガラスケースに独りぼっちで入れることとは、とうてい考えられませんし、胸が痛くなります。そうした子犬を見ると「かわいい」とは思えず「かわいそう」と思ってしまいます。

子犬のレッスン依頼も多く、今までにたくさんの子犬と出会ってきて感じるのは、**極度に怖がることもなく、適度に人なつこく、知らない人やもの、環境に順応しやすい安定し**

た子犬は、優良ブリーダーから迎えた子に多いということです。

もちろん、すべてのブリーダーが良い子犬を作れると言うつもりはありません。ブリーダーと名乗っていても、あまり犬のケアをちゃんとしていなかったのだろうと思われるところもあります。それは、犬の性質や、食糞（ウンチを食べる）があったり、便から虫が出たりすることでわかります。

優良ブリーダーをどう探せばいいか、と聞かれることも多いのですが、これがなかなか難しいです。ネットで調べてもいいのですが、いいことはいくらでも書けます。

見分けるためのポイントは次の5つです。

**①最低56日齢（理想は3カ月齢）にならないと渡してくれない**
**②両親犬（難しければ母犬）に会える**
**③陸路で連れて帰るのでなければ譲ってくれない。空輸は絶対にしない**
**④どんなところで育ったか見せてくれる**
**⑤子犬の性格を説明してくれる**

# Q 犬がいると旅行に行けない。毎日の散歩が大変そう

## A ペットと泊まれる宿や一棟貸し切りコテージなども増え、楽しく過ごせます。散歩は大変でも行きましょう

愛犬を家族として一緒に旅行に連れて行く飼い主さんが増えています。そのため、ペットと泊まれるところも増えてきています。サービスもどんどん向上して、楽しい旅ができるようになりました。

犬連れでなく旅行に行きたい場合は、ペットホテルもありますので利用するといいでしょう。

**ホテルに預ける場合には、突然当日預けたりせず、日頃からそこを訪れ、雰囲気やスタッフの方々と接し、良いホテルかどうかもよく観察しましょう。飼い主さんとの相性はもちろん、愛犬との相性も重要です。**

ホテルも良いですが、我が家の場合は、犬が好きな信頼できる友人に我が家に泊まってもらうことにしています。多頭なので連れて行くよりも便利だし迷惑もかけにくいです。日頃から遊びに来てもらって犬たちにも慣れてもらうようにしています。

散歩に関して、犬種によっては「お散歩しなくてもいい」などと言うショップの店員さんがいるそうですが、信じてはいけません。

**散歩は運動させることも目的ですが、気分転換という大切な意味があります。適切な運動量を考えて、飼い主さんのライフスタイルに合わせて、できるだけ散歩をさせましょう。犬種によって必要な運動量がありますので、買う前に必ず調べましょう。**

散歩を代行してくれるサービスもあるので、それを利用することを視野に入れてもよいでしょう。

犬を飼うということは、大切な命を預かるということです。ある程度の犠牲は覚悟のうえで迎えるようにしたいものです。

column 1

# シャンプーとブラッシングって、大変そう…やらなきゃダメ？

野生の動物はシャンプーしないのに、なぜ犬をシャンプーするようになったのでしょうか？たしかに昔はシャンプーしたことがない犬も多かったと思います。

飼い主がにおいをどのくらい気にするのかにもよるでしょうが、人間の都合も大きいと思います。においで迷惑をかけてはいけないという考え方もあるでしょう。

我が家の犬たち（ミニチュアシュナウザー）は毛が伸びるのでトリミングしてやる必要があります。飼い主のエゴではありますが、美しい形にするためには、シャンプーをしてドライヤーで乾かしてからトリミングする必要があります。

愛犬クロノス（5歳♂。元保護犬。てんかん持ち）は、犬には少ないと言われている汗腺が多いのか、体がしっとり汗をかいている状態になります。そのせいなのかはわかりませんが、撫でていると手が黒くなることがあります。かゆがることもあり、主治医から薬浴をすすめられ、理想としては週に1回洗うように言われています。

アトラス（11歳♂）、エリオス（6歳♂。全盲の元保護犬）は、あまり洗いません。場合によっては数カ月洗わないこともあります。

抜け毛も体臭も少ない犬種と言われているからか、体臭は気になりません。それどころか、私は愛犬それぞれのにおいが好きで、シャンプーやコンディショナーはなるべくにおいがしないものを使っています。

飼い主のタイプにもよると思いますが、「動物を飼っているけど、においはしない方がいい」という願望（？）には、個人的には違和感を感じます。

人も犬もにおいはあるし、動物を飼っている以上、少々（？）におったり部屋が汚れることも覚悟した方がいいのでは？と思うのです。

皮膚の清潔が保たれるなら、ブラッシングなどのケアでも大丈夫だと思います。

そのブラッシングですが、「必要ですか？」と聞かれることがあります。

「長毛種は必要です。短毛種もしてあげるといいです」とお答えしています。

たとえば、プードルやミニチュアシュナウザーは毛が伸びる犬種で、毛が細くクセもありもつれやすいので、皮膚の健康を保つために、といてやる必要があります。

もつれたままにしておくと毛玉ができ、皮膚が炎症を起こしてしまうことがあります。毛が伸びる犬種はトリミングが必要なのです。

毛が伸びない犬種で

もブラッシングはした方がいいです。マッサージ効果などもあり代謝が良くなるようです。

どの犬種でも、ブラッシングしてやることで体のチェックができますし、大切なふれあい・コミュニケーションの時間にもなります。

犬によっては嫌がることもあるようですが、飼い主さんが慣れていなかったりしてやり方があまり上手でなく、愛犬が心地いいようにできていない場合もあります。

ブラッシングされて、気持ちよくて寝てしまう犬もいるようです。犬の性質もあると思いますが、できるだけ気持ちよくしてやれるように、飼い主さん側でも努力をしたいものです。

我が家の犬たちは、毛がもつれやすいのでといてやらなければならないのですが、ブラッシングではもつれた毛が引っ張られることもあり、決して心地いい、うれしい時間ではないはずです。

それでも、終わってからのごほうびとしてバナナとリンゴをもらえるので、ブラッシングのために呼ぶと、シブシブ来てくれます。

犬のしつけマニュアルなどでは、「呼んで来てくれたら、犬が嫌がることはしてはいけない」とありますが、我が家ではやってしまっています。

でも犬たちは来てくれます。

# Part 2
# 「いい子」にしようと頑張っていませんか？

# そもそもしつけって何のため？

みなさんは、犬とはどういう行動をする動物だというイメージをお持ちでしょうか。

おそらく、「吠える」「かむ」「排泄する（オシッコ、ウンチ）」「かじる」「追いかける」「くわえて引っ張る」「掘る」といった行動を思いつく方が多いと思います。

では、問題行動とはどういう行動でしょう。

**「こちらがして欲しくない行動をしない犬が『おりこうな犬』」と考えていませんか？**

「犬をしつける」とは、「人間にとって都合がいい行動だけをするように教えること」、と捉えることができると思いますが、それでは犬たちは窮屈ではないでしょうか？

行動展示という方法で、野生動物ができるだけ本能からくる行動をできるように工夫して日本一の入場者数を記録したのが旭山動物園です。

動物園では60年以上も前から、動物福祉の視点から「5つの自由」を動物たちに保証しなければならないとされてきました。

**〔5つの自由〕**

**①飢えと渇《かわ》きからの解放（餌を与えない・水を与えない状態にはしない）**

**②不快からの解放（寒すぎたり・暑すぎる環境を避ける）**

**③痛み、損傷からの解放（不要な痛みや、不必要な体の一部の除去を行わない）**

**④正常な行動を発現できる自由（動物本来の行動を発現できる環境を整える）**

**⑤恐怖や苦悩からの解放（恐れや困惑を伴う管理を避ける）**

（『酪農ジャーナル電子版』酪農PLUS⁺／酪農学園大学　森田茂教授のご回答より）

①②③は、多くの犬はケアされていると思いますが、④⑤についてはいかがでしょう。犬本来の行動ができているでしょうか。恐れや困難をガマンさせられていないでしょうか？

心得1 「お願い上手」「ほめ上手」になろう

## ①愛犬に上手にお願いするコツ

家庭犬の訓練所に勤務していたころ、犬に何かをさせるときには「指示する」という言葉を使っていました。

「指示をする」という言葉の背景には、指示をする側とそれに従う側があり、そこには主従関係が必要で、そうでないと犬たちは指示に従わない、という考え方があります。

私は、犬たちが私たちの思い通りに行動してくれるようになるために、必要なのは主従関係ではないと思っています。

犬たちに、こちらにとって都合がよい行動をしてもらうためには、犬たちがその行動をしたくなることが必要で、犬たちが自らそうしようと思うことが大切です。そうなると「指示」ではしっくりこず、考えたあげくたどりついたのが「お願いする」という言葉でした。指示とお願いの違いは、「やるかやらないか、決めるのは犬だ」ということです。

そのお願いも、どうして欲しいのかが犬に理解できなければ、やってもらえません。

よく飼い主さんが「うちの子は、教えてるのにわかってない」「ほめてるのに喜ばない」と言うのですが、「わかってないのは、教えること・叱ることができていないから」（そもそも叱るという言葉にも疑問がありますが）、「喜ばないのは、ほめることができていないから」と考えるのがいいのではないでしょうか？

犬がこちらが望む行動をしてくれないのは、飼い主のお願いがわかりにくい、どうしたらいいのか伝えられていない、ということなのではないでしょうか？

このことを理解するには、学習理論の考え方が役に立ちます（150ページ参照）。

**犬たちは、うれしいことやメリットがあれば行動し、うれしいことやメリットがない、あるいはそれを理解できない場合には行動しません。極めてシンプルです。バカにしているから言うことを聞かないとか、主従関係ができていないからやらないとか、そんなことはありません。**

さらに、日本人はほめるのが下手というイメージがあります（シドニーで研修していたとき、大柄なオーストラリア人男性トレーナーがあまりにも大げさに犬をほめるので驚きましたが、帰国するころには私もできるようになっていました）。

愛犬にとって、お願い上手、ほめ上手な飼い主でありたいものです。

## ②「ごほうび」でやる気を引き出す

どういうお願いが上手なお願いか、考えてみましょう。

人間の場合、その人がやりたくなるようなお願いかどうかを決めるのは、やってくれた人にとってどんな〝ごほうび〟があるか、ということだと思います。〝ごほうび〟になるかは、その人の価値観で決まります。お金を必要としている人にはお金が、誰かを喜ばせたいと思っている人には、誰かが喜んでくれることが〝ごほうび〟になります。

犬たちも同じ理屈である行動をしたり、しなかったりします。

〝ごほうび〟は犬によって違うので、飼い主は自分の愛犬にとっての〝ごほうび〟は何かを知っておくことが大切です。

よく使われるのが食べものです。ドッグフードだったり、オヤツと呼ばれるものだったりします。人間にとって「フード」と「おやつ」は違う意味でも、犬にとっては「食べるもの」として認識されます。

**食べ物よりおもちゃやボールに魅力を感じる犬もいます。犬種の差もあるように感じています。飼い主さんがほめるだけで〝ごほうび〟になる犬もいます。〝ごほうび〟に良い、悪いはなく、その犬が喜んでお願いした行動してくれるものは何か、それを飼い主が把握していることが大切です。**

私たちが犬たちの行動を変えるレッスンをするときによく使うのは、**鶏のササミや牛肉、豚肉をゆでたり、焼いたりしたもの**です。**チーズ**も使います。チーズはできるだけ添加物が少ないものがおすすめです。肉類が好きな犬が多いと思うのですが、驚くことに野菜の方が好きな犬もいます（レバーを持って行ったのにきゅうりを選ばれたことがあります）。

食べ物を使わないでトレーニングをすることを良しとするトレーナーさんもいますが、現実問題として、私が出会ってきた飼い主さんたちは、できるだけ早く人と犬がお互い快く暮らせるために問題を解決したいという方が、ほぼ全員と言っていいくらいです。なので、食べ物を使わないで行動を改善するということは、無駄な身体的エネルギーと、精神的エネルギーを使うことになると私は思っています。

「食べ物を使わなくても（愛犬が）言うことを聞いてくれるようになりますか？」と聞かれることがありますが、その答えを知っているのは愛犬なのではないでしょうか？

## ③「ほめ言葉」でやる気を引き出す

レッスンで伺った飼い主さんのお宅でよく気になることがあります。それは飼い主さんの愛犬にかける「言葉」です。

レッスンで緊張しているのかもしれませんが、「**ダメ**」「**イケナイ**」「**ノー！**」**など、叱ってばかりなのです**。途中で「おじゃましてから○○分たちましたが、～～さん、××ちゃんを一回もほめてないですね」と言うこともあります。飼い主さんはハッとされることが多いです。

**飼い主さんの口調がキツイと感じることも少なくありません**。

訓練所にいたころは、とにかく犬にナメられてはいけないということで、触ったり撫でたりすることはもってのほか。指示も「スワレ」「フセ」など、語気を強くしていました。

しかし、退所してから渡ったシドニーでジョン・リチャードソンから「本当に犬に〝聞いて〟もらいたかったら、ささやくことだ」と教わりました。彼はシドニーのドッグウィスパラー（犬にささやく人）と呼ばれ、テレビ出演などもしていました。

私が「お願い」という言葉を使おうと思った一番の理由は「言霊」でした。言葉には霊力が宿っているという考え方です。

江本勝氏の著書『水は答えを知っている』には、水に言葉を見せたり、話しかけたりして、その水を凍らせて結晶を撮影した写真が載っています。驚くことに「ありがとう」という言葉を見せた水の結晶は雪の結晶のように美しいのに対して、「バカヤロウ」という言葉を見せた水の結晶はぐちゃぐちゃになってしまっていたのです。「しようね」（結晶）と「しなさい」（ぐちゃぐちゃ）も同じくらいの差がありました。言葉は水にそれほどの影響をすることをあらためて実感させられました。

私たちの体は70％が水でできているのです。もちろん、犬たちの体も同じです。

あなたは愛犬に、どんな言葉をかけていますか？

犬たちをほめるときに、つい「おりこうさん」と言ってしまうのですが、上から目線なのが気になります。言葉は何であれ、犬という動物を尊重して、命あるものとしては対等に「ありがとう」と言える飼い主であれるよう心がけたいと思っています。

心得2 「なぜ？」がわかればしつけはシンプルにできる

# ①「いい子」って、どんな犬のこと？

68ページでも触れていますが、犬の行動で思いつくのはどんな行動でしょう？ちょっとワークをしてみたいと思います。

まず紙に、犬がする行動、犬らしい行動を書き出してみましょう。朝から夜までの愛犬の姿を思い浮かべたら書きやすいかと思います。

**①犬の行動を書き出す**

例…寝る、前足でひっかく、走る、歩く、食べる、水を飲む、排泄する（オシッコ、ウンチ）、吠える、かじる、掘る（ソファなど）、追いかける、くわえて引っ張る、など

**②書き出した行動で、問題行動だと思われるものに○をつける**

**③○をつけた行動と、つけなかった行動を比べて違いを考える**

**④おりこうな犬とはどういう犬か、「〜〜する」「〜〜しない」、と書き出す**

いかがでしょう。◯がついた行動とつかなかった行動の違いに、基準はあるでしょうか？

これには正解はありませんが、考えて欲しかったのは、「◯がついた行動は、犬はやりたいけれども人間にとって都合が悪いものではないでしょうか？」ということです。

そして、おりこうな犬とは、「人間にとって都合が悪い行動をしない犬」ということになっていないでしょうか。それは犬たちの幸せのために正しいことでしょうか？

旭山動物園の元園長、小菅正夫さんの著書、『〈旭山動物園〉革命』にこんなことが書かれていました。小菅さんは子供のころ、お祖母様に連れられてお寺へ行きます。そのとき住職が幼い少年に「地獄とは何だと思う？」という質問をします。答えられないでいると「それは、やりたいことができないことだ」とおっしゃったのだそうです。その少年は大人になって動物園の園長になり、野生動物がやりたいことができる行動展示をして日本一になるのです。

犬たちは、やりたいことができているでしょうか？

# ② その行動の理由を知る

## 甘がみ

Part4でくわしくお話ししますが、甘がみは犬からの「遊ぼう」というメッセージです。

ブリーダー元で生まれた子犬たちは、起きれば兄弟姉妹とずっと甘がみしてプロレスごっこのようなことをして過ごします。疲れて一頭が眠り始めると次々と、だんごになって眠ります。ほぼすべての子犬がする甘がみなのに、いけない行動だとされることに大変違和感を感じます。

**犬は口で相手にメッセージを伝えます。舐めたり、軽くかんだり、強くかんだり、うなったり、鳴いたり、吠えたりしますが、すべてメッセージを伝えているのです。**

**それをやめさせるということは、彼らからのメッセージを受け取らないということになり、それは仲良くなるために一番大切なことを拒否することになると、私は思っています。**

甘がみを放っておくと本気でかむようになるという説があるようですが、そのようなことはありません（126ページ参照）。

## 遠吠え

オオカミも遠吠えします。

オオカミの場合は、狩りをする前に士気を高める意味でするときもありますし、仲間を呼ぶときにもやるようです。『30年にわたる観察で明らかにされたオオカミたちの本当の生活 パイプストーン一家の興亡』（ギュンター・ブロッホ著）には、群れのオオカミがなくなったとき、群れがそれを悲しむかのような遠吠えをするのを観察した様子について書かれています。

犬にもその性質は受け継がれているようです。

我が家の犬は、大好きなスタッフさんがお別れのあいさつをせずに帰宅してしまったとき、悲しげな声で遠吠えしたことがあります。それ以来、彼女が帰るときには玄関で見送らせるようにしました。見送ると気がすむのか、遠吠えをすることはありません。

夕方に鳴る地域放送や、消防自動車、救急、パトカーのサイレンに誘われて遠吠えすることもありますが、そこには特に情緒はなさそうです。

遠吠えしやすい犬種とそうでもない犬種があるようです。

あくまで個人的な意見で、少ない頭数からのデータですが、日本における3大人気犬種、トイプードル、チワワ、ミニチュアダックスフンドでは、トイプードル、チワワはあまり遠吠えせず、ミニチュアダックスフンドはする、というイメージを持っていました。

しかしトイプードル、チワワは思っていたよりも遠吠えする率が高く、ミニチュアダックスフンドは率が低かったので意外でした（どの犬種も、する犬もしない犬もいます）。

ジャパンケネルクラブによると、日本犬はプリミティブ（原始的な犬）というグループに入りますが、原始的なのだから遠吠えするだろうと思っていたら、そうでもなさそうなので、ちょっと驚きました。

しかし、よく考えてみると、彼らにとって遠吠えはちゃんとそれをする目的があり、サイレンなどにつられることはない、ということなのかもしれません。遠吠えはコミュニケーションの手段で、それはサイレンなどの無機質な音に対して使われるものではない。彼らは遠吠えをそうした形で無駄遣いすることはないのでは？と考えました。

サーロスウルフドッグという、オオカミの血が25％入っているという犬を飼っている、東山動物園の飼育係をしている渡邉友治さんが教えてくれたのですが、彼の犬たちはサイレンに応えて遠吠えをすることはないそうです。

以下、渡邉さんからのコメントを引用させていただきます。

「あくまで僕個人の見解ですが、似たサウンドにただ反応するのではなく他の要素（ファミリーや他の群れに対してのコミュニケーションなど）が入った時に遠吠えするのでは、と考えています。中西さんの言うように無駄遣いはしないと思います。

仮に遠吠えを始終する子は何かの要求・不安・刺激の少ない環境での対処などなどがあるのではないかと思っています。

先日もフィンランドのサーロス、狼犬などを多頭飼育するブリーダー宅で1週間程滞在しましたが、遠吠えは無駄にせずファミリー（オーナー）との間で行われるコミュニケーションの一つとして鳴いていました。その最中に僕が姿を見せるとやめてしまいます」

私が思ったように、「プリミティブであるからこそ日本犬たちは遠吠えをしない」と考えるのは、それほど間違っていないかもしれません。

## 所かまわずオシッコ

正確には「所かまわず」ではないと思いますが、中には所かまわずと思われるくらいいろんなところにオシッコをしてしまう子もいるようです。

オシッコには、普通の排泄と「マーキング」と言われるオシッコがあります。ウンチでマーキングすることもあります。オスがやることが多いですが、メスもやります。普通の排泄にはあまり意味はなさそうですが、マーキングの場合には意味があります。

マーキングの場合は、飼い主に見つけてもらいやすいところにすることが多いです。玄関、廊下（人の出入りがあります）、キッチンの入り口（特に入れないようにしている場合）、人間のトイレの前（人間の便のにおいに反応していると思われます）、子供部屋の前、仕事部屋（何かのアピール？）、バルコニーに出るところ（サンダルがある場合が多い）、そこにかかっているカーテンなどです。

**排泄は、不安や不快、ストレスがかかったときもする傾向があると感じています。**留守番中はトイレでせずに他の場所でしたり、叱られたあと目の前でしたりする犬もいます。

散歩に行かなかったり、飼い主さんが忙しい（あまりかまってもらえない）などの影響があるようです。

我が家の犬（5歳のオスであるクロノス）は、知人の犬を預かったりしたとき、いつもはしないような冷蔵庫や空気清浄機にしたりすることがあります。

客人の荷物や客人本人にかけることもあるので、注意が必要な場合もあります。レッスン先でもよくあるケースですが、たいがいは飼い主さんが把握していて、荷物を床に置かないようになど気遣われます。叱ってもやめませんので、管理して対処するのが良いです。トイレトレーニングをしっかりとやることで軽減できることがあります。

## 家具をかじる

家具をかじるのはヒマだからです。犬が若いときにやりやすいですが、成長にともないやらなくなることが多いです。

**作業意欲が高いのにやることがないのは、犬にはストレスになります。自ら作業を探した結果が「家具をかじること」になります。**

木製の家具はかじり心地がよいと思われます。ソファなどもかじられる家具では人気が高いものです。かじられたくなかったら、かじられないように工夫する（柵などでガードする）、作業を与えてやる、十分遊んであげる、散歩などで多めに運動させる、などされるとよいでしょう。

## 窓の外を見て吠える

### 窓の外に何か気になるものがあるのでしょう。

鳥が飛んでいたり、ベランダの手すりにカラスが止まっていたり、向かいのビルで作業をしている人に反応していたこともあります。

姿そのものは見えなくても、人の声や車、バイクの音などに反応して吠えることもあります。決まった時間にやってきてポストに新聞を入れる配達の人や、宅配便を運ぶトラックの停車音などに吠える犬もいます。宅配便の場合には、そのあとドアホンが鳴り、配達の人が玄関に現れることもあり、そのことを学習した犬は、お隣さんの荷物であっても吠えたりします。縄張りを守るために警戒する習性からくる行動と思われますが、迷惑になる場合には気をそらすなどの対処が必要です。

## 散歩中の拾い食い

獲物が捕れないとき、野生のオオカミは木の実などを拾って食べることもあるようです。犬にもそれが受け継がれているのでしょう。

**食べられそうなものはもちろん、小石を拾って食べてしまったりする犬もいます。**

小石は当然消化できないので、吐いたりウンチで出てくればいいですが、出てこないと大変なことになりますので、リードで上手に頭をコントロールして、できるだけ頭を上げさせて歩き、拾い食いができるという経験をさせないよう工夫することが必要です。

## 他の犬に吠える

理由は、大きく分けると3つかと思います。

1つ目は、あいさつのようなもので、あまり深い意味はないもの。

2つ目は、遊びたくて気を引こうとするもの。会話をしているような気持ちなのではないかと感じます。

3つ目は、怖くて吠えるもの。怖いので近づいて欲しくなく、威嚇するように吠えていることが多いと思います。

**特にリードがついているときは、自分の意思で逃げることができないこともあり、攻撃的になることも多く注意が必要です。知り合いの犬だったり、大丈夫だという確信がない場合には、無理にあいさつはさせず、すれ違うのがいいでしょう。**

## 動く自転車を追いかける

個体差はありますが、犬には動くものを追いかける習性があります。狩りをするために必要な能力です。他に、ジョギングをしている人や自動車を追いかけようとする犬もいます。興奮している場合にはかみつくこともありますので、相手が人の場合にはケガをさせたりしないよう注意が必要です。

相手が自動車の場合、犬に危険が迫りますので、しっかりとリードで抑えてやる必要があります。食べもので気を引いて回避する方法もありますが、興奮の度合いによっては危険なことも多いので、**しっかりと安全な距離を取るよう心がけなければなりません。**

**ボーダーコリー、オージーシェパード、ウェルシュコーギーなど、家畜を追う仕事をするために改良された犬種によく見られます。**

## 散歩で座り込む

「散歩なので歩いて欲しい」というのが飼い主心かと思いますが、犬にも気持ちがあるようです。座り込む理由は「歩きたくない」ということになるかと思います。歩きたくない理由はいくつかあります。

**・疲れた（犬の体調や年齢、様子で判断できるかと思います）**
**・（歩かないので抱っこしたことがある場合）抱っこして欲しい**
**・（以前に外したことがある・ないにかかわらず）リードを外して欲しい**
**・その方向へ行きたくない**
**（吠える犬がいる家がある、家に帰る方向に進んでいるが帰りたくないなど）**
**・別の方向へ行きたい**
**（時間があるときは行ってあげている場合、「もっと歩きたい」「あっちへ行きたい」という意思の表れ。猫がいる、公園があるなど、犬にとってメリットがある方向に行きたいなど）**

いずれにせよ、座り込むことで犬たちは飼い主にメッセージを送っています。受け止めたうえで、どうするのがベストか決めるといいでしょう。

心得3 「我が家ルール」を決めよう

# ①どこまで、どうしつけるか

**16年間で2100頭以上の犬たちのレッスンを通して彼らから教わったのは、「犬のしつけ」はあまり「こうするべきだ」と思い込まない方が良いということです。**

ネットにあふれる情報や雑誌、本に書いてあることに惑わされ、せっかく愛犬に癒される暮らしを夢みていたのに、育犬ノイローゼになりそうになってレッスンのお申し込みをされる方も少なくないという現実を目の当たりにしてきました。

まじめな日本人の特徴でもあるかと思いますが、「しつけ＝叱ること」と思っている人が多いのではないかと心配になります。「しつけ」という言葉自体になにか厳しい雰囲気があるので、ここでは「ルール」と考えたいと思います。

**ルールを守ってもらうときに、叱る必要はありません。**「こういう場面ではこういう行動をして欲しい」というルールを決めて、それを教えればいいのです。シンプルに考えましょう。

愛犬がルールを守ってくれていたら「それでいい」と伝えます。「おりこうさん」とか「ありがとう」といった言葉と笑顔で向き合うのがいいでしょう。

行動の難易度によっては、ごほうびなど食べ物をあげましょう。

愛犬がルールに沿っていなかったら、して欲しい行動を再度、教えてあげればいいのです。こうすれば、もう叱る必要はなくなりますね。

愛犬と幸せになれる飼い主とは、愛犬に何をして欲しいのかを教えられる、教え上手で、ほめ上手な人だと思います。

**ルールの決め方は、住んでいる地域の環境、住宅の環境（マンションか戸建てか、都市部か郊外か）、一人暮らしか家族がいるか、家族のメンバー構成、留守番があるかないかなどに配慮したうえで「よりそイズム®3原則」に則って考えることをおすすめします。**

チェックポイントは、

**①社会、他人に迷惑をかけていないか**

**①飼い主、本犬に危険が及ばないか**

**③お互いハッピーなら、お願いする**

ということです。

心得3 「我が家ルール」を決めよう

# ②「完璧主義」が愛犬にストレスを与える

**レッスンのお申し込みをいただき、飼い主さんのお宅へうかがい、お会いして話をしてきて感じるのは、真面目なほど〝育犬ノイローゼ〟になる方が多いということです。**

肩に力が入りすぎているのがわかるので、「少し肩の力抜きましょうね」と言うと、涙を浮かべる方もいらっしゃいます。よほどがんばってきたのだと思います。

しかし、16年この仕事をやってきて思うのは、そういう飼い主さんこそ、犬育てに失敗してしまう場合が多いということです。ある意味、情報社会の被害者とも言えるでしょう。そして、そういう方々の愛犬たちも被害者になります。飼い主さんが真剣なほど、悲劇となってしまうのです。

テレビをはじめ、本、雑誌、ネット上にある今の「犬のしつけ」には、おかしなものがたくさんあると私は感じています。感性で、心で感じたら、「そんなこと、やってはいけない！」とわかるはずなのに、有名なプロの方がテレビで言っていたから、本に書いてあるから、雑誌の記事に書いてあるから、ネットの情報にあったからと、正しいと思ってしまう。

かく言う私も、自分がそれほど明るくない分野に関しては、有名なプロの方がテレビで言っていること、本に書いてあること、雑誌の記事、ネットの情報から鵜呑みにすることは多いので人ごとではありません。十分注意が必要です。

もし、犬のしつけに関して「〜しなくてはならない」「〜すべき」という情報に出会ったら、**「犬同士だったらどうするだろう？」と考えるようにするといいです。**

わかりやすいのは、犬同士は殴ったり叩いたり、蹴ったりしないということです。だから人間も、犬を絶対に殴ったり叩いたり、蹴ったりしてはいけません。

先述のように、犬のしつけに関して、「オオカミは〜」という話はもう通用しなくなりました。どうすればいいか迷ったら、自分の心に聞いてください。愛犬の目を見つめて、どうするのが幸せを感じられるかを考えるのです。

**大切なのは、飼い主さん自身がハッピーであることです。そうしたら周りをハッピーにできます。目の前の愛犬をハッピーにしたければ、完璧主義はおやすみして、リラックスして向き合うことを心がけましょう。**

心得3 「我が家ルール」を決めよう

## ③犬も人も安心・安全な環境にする

情報に惑わされることなく「我が家ルール」を決めることは、愛犬と幸せに暮らすためにとても重要です。物理的に安心・安全なのはもちろんのこと、情報に対しても安心・安全を心がけなければなりません。

世間にはさまざまなことを言う人がいて、それに振り回されないように、飼い主さんが知識をつける必要があります。

最近では、空いた時間に1文字いくらで記事を書く、というアルバイトもあるようです。良い記事を書ける人ならいいのですが、ネットの情報を見ていると、どうもどこかの記事をコピーして少し変えてアップしているようなものを見かけます。元の記事が良いものならいいのですが、決して犬を幸せにするものではないような内容も見られます。

書いているのは誰だろうと見てみると、ペンネームなどが使われていて誰だかわからず、記事に対しての責任感を感じられないものも少なくありません。

しつけに関する記事は、内容によっては犬の命に関わることでもあるので（間違った情報を信じて問題行動が出てしまい殺処分に至るなどのケースもあります）、用心しなくてはなりません。

**犬がうなったり、かみつくそぶりを見せたからと、ひっくり返して押さえつけたり、マズルを強く握って痛い目に合わせたりしてしまうと、かえって攻撃性が引き出され、犬が不快から逃れるために飼い主や人にかみつくようになるというケースがあります。**

**良かれと思ってやったことでかえってかむようになり、泣くほど後悔している飼い主さんもいらっしゃいます。本当に気の毒でなりません（かみぐせについてはＰａｒｔ４でくわしくお話しします）。**

「我が家ルール」で大切なのは、人は人らしく、犬は犬らしく、お互い幸せに共生できるルールであることです。

人の都合に犬が合わせてばかりでは窮屈すぎるし、犬らしく生きられないことは大きなストレスになります。人間よりはるかに短い犬たちの「生」を、できるだけ幸せなものにしてやりたいというのは、多くの飼い主さんが思っていることではないでしょうか。

**かといって飼い主さんがガマンしすぎてもストレスになり、その影響は犬にも伝わります。**

「よりそイズム®3原則」（89ページ）に則って、お互いにとって一番よい妥協点を見つけるようにしましょう。

Part 3

# やってはいけない愛犬のしつけ

## 食事／トイレ／ハウス

食事①

# Q 食事は、必ず人が先にしなきゃダメ？

## A どちらでもかまいません

ドッグトレーニングアカデミーを修了してから帰国してDoggy Laboを立ち上げたばかりのころ、私もお客様にそうアドバイスしていました。〝Leaders eat first.（リーダーは先に食べる）〟と教わっていたからです。

これは「オオカミの群れには順位があり、一番偉いリーダーから先に食べる習性がある。犬はオオカミの末裔だからその習性を受け継いでいる。だから飼い主さんは犬より先に食べるべきだ。でないと犬が自分をリーダーだと勘違いする」ということのようです。

しかし最近、野生のオオカミの群れは家族で、意思決定をする夫婦と、その子たちで構成されていることがわかりました（同じ両親から、前回の発情で生まれた子、つまりお兄さん・お姉さんたちが群れに残っている場合も多いです）。

しかも、多くの群れで意思決定をするのはお父さんではなくお母さんで、狩りをして大きな獲物が捕れた場合、お父さんは周囲の安全を確認したらマーキングをして寝てしまうとか。リーダーなのに先に食べないどころか、子オオカミたちが優先されて食べることが多いそうです。また、家族である群れには順位はなく、場面によって主導権を握る個体が変わることもわかりました。ではなぜ「オオカミの群れには順位がある」という説（リーダー論）が主流になってしまったのでしょう？

それは、囲いの中にランダムに入れられた、囚われのオオカミを観察してしまったからだったのです。これは家族ではなく、人間でいえば会社組織のようなものと思われます。

警察官だったコンラッド・モスト大佐が、囲いの中の囚われのオオカミを研究した結果として書かれた書物を基に「仲間を恐怖によって思いのままに動かす一頭のボスが、群れを支配している」と誤解し、「犬とはこうつきあうべき！」というルールを作ってしまったのが原因だそうです。つい「なるほど、威厳のある態度でいないと犬にバカにされてしまうのか！」と納得してしまう人も多かったので、広く浸透してしまったようです。

でも、野生のオオカミは家族だったのです。順位なんてなかった。人間だけが、間違った「順位説」を信じて、犬に間違ったしつけをしているとしたら…まったくナンセンスなことだと思いませんか？

# Q 食べる前の「マテ!」ができない。いい方法は?

## A その「マテ」、必要でしょうか?

「ごはんの『マテ』はどうやったら教えられますか?」と相談されることがよくあります。考えてみれば不思議な話です。「マテ」はなぜ必要なのでしょう? 猫、ウサギ、フェレットたちは待たされるでしょうか…なぜ犬だけが?

実は私もさせています。我が家には3頭の犬がいて、器を置いてやった順に食べさせてしまうと、先に食べ終わったのがまだ食べている子のを食べてしまうので、それを防ぐために待たせています。他の子に食べられそうになったら怒ってくれたらいいのですが、怒らないからどんどん食べられてしまうのです。薬も入っているので困ります。

ただ、スタートをそろえるのが目的ですから待たせるのはほんの一瞬で、たまにファールされることもありますが放っています。我が家のてんかん持ちの犬・クロノスは発作のあと、食欲に対する制御が効かなくなることがわかり、待てなくて私が手で押さえなくてはならないこともあります。もちろん叱ったりはしません。「目の前にある食べものを食べてはいけない」というルールは犬たちの世界にはないのです。

以前テレビで、一頭のラブラドールレトリーバーがオスワリをさせられ、ごはんのマテをさせられていました。飼い主さんは自慢気に「いつまでも待っていますよ」と言っていたと思います。その子はよだれをタラーッと流し、じっと飼い主さんを見つめています。

飼い主さんはどんな気持ちで待たせているのでしょうか？　愛犬が服従していることを実感して快感を得るためでしょうか。もしそうなら、そのマテは必要でしょうか？

器に飛びつかれてフードをばらまいてしまい、水の器やトイレトレーのメッシュの中にフードが入ってしまって困るケースがあるようですが、そういう場合は、水の器やトイレトレーから離れたところでごはんをあげるようにしましょう。

ばらまかれたフードを拾って食べることは、飼い主さんから見ると「お行儀が悪い」かもしれませんが、犬にとっては楽しいことだったりします。

# Q 皿に(人が)手を近づけるとうなる・吠えるのはなぜ?

## A 不快に感じて「嫌だ」「やめて」と言っているのです

「フードガード(食べ物を守る)」という名前がついている行動です。レッスンではわりと多いお悩み行動です。

**あくまで個人的な感想ですが、柴犬とウェルシュコーギーに多いという印象があります。**

「飼い主さんの家に来る前、離乳食が始まる時期に他の兄弟たちと同じ器で食べたことがない犬はしやすい」と読んだことがあります(もちろん、すべての犬に当てはまることではないと思いますが)。

動物の認知行動療法を専門にされていた大学教授の本で、フードガードの問題についてご意見を述べられた最後に、「昔は祖母に、犬がエサを食べているときには近づいてはいけないよと教わったことを思い出した」という話が書かれていました。お祖母様の言葉には、「嫌がることはしてはいけないよ」という教えがあるように感じます。

たしかに昔は、犬にかまれたらかまれた方が悪いとする傾向が強かったように思います。なぜ今は、そう考えてやれなくなったのでしょう？


ごはんを食べているときに近くをウロウロされたり、手が近づいてくるのを快く感じない犬もいます。そういう様子が見られたら、犬が嫌がっている気持ちを察して離れてやるといいでしょう。


こぼれたフードを戻そうとしてかまれたという飼い主さんがいました。ここは「器に手が近づいてくるのは嫌みたいだからやめてあげよう」と考えてみましょう。

「薬を入れ忘れたときに困るので」という人もいると思いますが、薬だけチーズなど何かに包んで器の中へ投げ入れてやれば、薬を飲ませることはできます。

うならないようにしたいのなら、手を近づけて器の中にとっておきのオヤツなど、とてもおいしいものを入れてやったりして慣らしていく方法があります。

Q

# ブリーダーさんに指定されたブランド以外のフードをあげても大丈夫？

A

## 大丈夫ですが、最初は食べ慣れていたものからだんだん移行するといいです

大丈夫な犬もいますが、急に別のブランドに変えてしまうとお腹がゆるくなったり吐いたりすることがあります。犬を迎えてすぐは、環境の変化によって犬の免疫力が落ちたりするので、**最初しばらくは食べ慣れているものをあげるようにするのがいいでしょう。**

数日様子を見て落ちついているようであれば、与えたいブランドのフードを少しずつ混ぜていくのがいいと思います。吐いたりお腹がゆるくなったりしないことを確認しながら、だんだんと量を多くしていきます。

**新しいフードを与えたとき、多少ゆるくなるくらいならだんだん慣れていくことが多いので、食べっぷりや便の状態、元気があるかどうかを確認しながら続けましょう。**

ブリーダーによっては、そこで使っているフードを与えるように要求するところもあるようです。そういう場合は、ブリーダーからフードを買うように言われることもあります。

市販されているパッケージのものを譲られるのかと思ったら、ブリーダーのところにある大袋から計って小分けにして袋に入れたものを買っているという方がいて、ちょっと驚きました。飼育頭数にもよりますが、ブリーダーのところでは大量のフードが必要になるので、多頭飼育しているブリーダーさん専用のブリーダーズパックという格安商品をメーカーが作っている場合があり、犬たちはそれを与えられていることがあります。そこからさらに小分けされていたとしたら…。

良い食材はそれなりの値段がするので、できあがったフードはそれほど安くはなりません。気になる方は、気に入った良質なフードに移行することをおすすめします。個人的には、安すぎず、高すぎず、小袋で販売していて、賞味期限が長すぎない、良質な国産のフードが好きです。できれば、1kgあたり3000円くらいのものを与えたいものですが、最低でも1kg1000円以下のものは避けた方がいいと思います。高いものだと1kgあたり5000円〜1万円のものがあります。輸入品は海外からの送料や輸入のためのコストがかかっていることも考慮した方がいいでしょう。手間や予算をかけられるなら、セミナーなどに参加して手作りごはんに挑戦してみることもおすすめします。

犬の体を作る大事なごはん、できれば一番お金をかけたいところです。

食事⑤

# Q ブリーダーさんに、フードの袋にある表示より少ない量をすすめられたけど？

## A 子犬の体と相談して決めるべきです

何人かの飼い主さんからフードの量について相談されたことがあります。

「（体重に対して）このくらい与えてください」という目安がフードのパッケージに表示されているのですが、「その量より少なく与えてください」とブリーダーに言われたというのです。

そう言われた飼い主さんたちを振り返ってみると、豆柴、カニンヘンダックスフンド、（小さめの）チワワ、（小さめの）トイプードル、ティーカッププードル等と言われて迎えた、小さめの犬たちの飼い主さんが多かったように思います。ブリーダーさんたちは、大きくならないようにしたいのでしょうか？

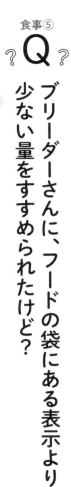

## ごはんを少なくすれば大きくならないということはありません。

骨格は決まっていますから、あるべき姿になるはずです。太らせすぎはいけませんが、ごはんが少なすぎるのは健康にも影響するので、パッケージは参考までに、その子に必要な量をあげるようにしたいものです。

子犬の場合は日々大きくなっているはずなので、少しずつ増やす必要があります。大きくなっている時期は、現在の体重でパッケージの量を決めるのではなく、大きくなる想定で量を決めるのが正解です。

食事⑥

# Q 獣医師から、手作りごはんはあげないように言われたけど…？

## A 手作りフードは、時間と手間、予算をかけられるならおすすめです

獣医さんによっては「ドッグフード以外、与えないように」とアドバイスをする方もいるようです。多くの獣医さんは、手作りごはんの勉強はしていないようですので、そのアドバイスは間違っていないとも言えます。知らないことには手を出さず、医療のことだけに専念する姿勢は信頼できると感じます。

しかし、今、手作りごはんは見直されてきています。

自然医療を中心に診療をしている獣医さんなどは、食箋《しょくせん》といって、「こういう野菜、肉などをこのくらい与えてください」という指導をしている方もいらっしゃいます。我が家の犬たちも診てもらうことがあります。

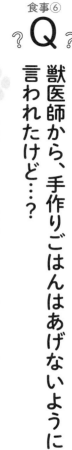

我が家でも手作りごはんをあげています。今まで4頭を病気で亡くしていますので、医食同源、人も犬も食が大切だと実感しています。幸い時間もかけられるし、少々手間ではありますがおいしそうに食べてくれるので楽しみながら作っています（こちらの先生に習い、レシピを教えていただいています。　https://www.holisticone.net/

手作りごはんをあげるようにしたら、いつものドッグフードを食べなくなってしまった、というケースは少なくありません。

飼い主さんにとっては不便かもしれませんが、犬にとっては、「こっちの方がおいしい！」というメッセージかと思いますので、がんばって作りたいものですね。

個体差はあるかと思いますが、手作りごはんに変えたら、目ヤニ、涙やけがなくなった、耳が汚れなくなった、肝臓や腎臓などの数値が良くなったという話もよく聞きます。

トイレ①

# Q そそうをすると「もう！ダメでしょ！」と騒いでしまうのはダメ？

## A 騒ぐとかえってそそうが増えることもあるようです

トイレではないところで排泄するのを目撃した場合、「冷静にしなくては」とわかっていても「あっ！」とか「えー?!」と反応してしまう人も多いと思います。

**無視されるより、「あらあら」とか「ダメじゃないの～」と反応されることを喜ぶ犬は少なくありません。うれしいことが起きると余計にそそうをするようになります。**

特に若くて作業意欲の高い犬は退屈しやすく、何とか飼い主さんの気を引こうとしてわざとそそうをする可能性も高いです。

なので、そそうをされたら、難しいとは思いますがなるべく落ち着いて対応することを心がけましょう。

そうじをするときに使うティッシュや雑巾にも要注意です。犬がフリーになっている状態でそうじをしようとすると、染み込んだおしっこを叩いたりこすったりして動くティッシュや雑巾は、「遊びたい気持ち」を刺激します。そして、**ティッシュや雑巾にじゃれて、取れた場合にはくわえて走って逃げます。それを飼い主さんが追いかけると、とても魅力的な追いかけっこが始まります。**

そうなると、「(犬は) 追いかけっこがしたくてそそうをし、狙い通りティッシュが出てくるので奪って走り回ると計算どおり追いかけてもらえる。楽しい!」というパターンが完成するわけです。そうならないためには、そそうをされてもできるだけ騒がないようにして、犬をハウスに入れてからそうじをするなど、工夫するといいでしょう。

なお、てんかん発作を起こすことがある犬の場合、発作のあとにしばらくそそうをすることがあります。脳に刺激があるからか、いつもと違うことをすることがありますが、しばらくすると戻ります。

そういうケースの場合には、あまり脳に刺激になることをしない方がいいので、大きな声を出したり叱ったりするのは避けましょう。

トイレ②

# Q トイレ以外の場所でそそうすると、叩いたり厳しく叱ってしまう。ダメ？

## A 排泄はとても大切な行動です。そそうをするのは教え方が悪いので、飼い主さんが教え方を見直しましょう

**犬同士は叩き合わないので、犬を叩くのは絶対にやめましょう。犬はそれを飼い主さんの攻撃と捉え、トイレを覚えるどころか関係を壊してしまうことがあります。**

犬の身になってみれば、「排泄したくなったけど、どこでしていいかわからない。がまんの限界が来て漏らしちゃったら厳しく叱られて、叩かれた」ということに…これは悲劇ではないでしょうか？

また、厳しく叱ったり叩いたりして、「ここでしちゃいけないんだな」と教えることができればいいですが、なかなかそうはいきません。

**「飼い主さんが見ているところでするると叩かれるんだな」「飼い主さんから見えるところでするると叱られるんだな」という学習になることが多いようです。そうなると見つけるのが遅れることになり、おしっこが壁や床に染み込んでしまってそうじが大変になったりします。**

犬の世界では不適切な排泄で叱られることはありませんので、飼い主さんに叱られてしまっても意味が理解できず、相当なストレスになります。

犬はもともと好きなところで排泄する動物ですが、一緒に住むとなると、そのままでは人間にとって都合がよろしくありません。

幸いなことに、犬にはトイレで排泄することを教えることができます。それによってお互い（？）快適な共生ができるようになります。

トイレ③

# Q お留守番中にトイレ以外でそそうをする。叱るべき？

## A 時間がたってから叱っても、犬には理解できません

帰宅してトイレ以外にそそうがしてあると、どっと疲れる気持ちはよくわかります。お留守番中フリーにしていて、部屋のいろいろなところでそそうされてしまう場合には、ハウス（クレートやサークル。48〜49ページ参照）に入れるようにすると被害が少なくすみます。入れない場合は、ハウストレーニングから始めましょう（12ページ参照）。

サークル（ケージ）内でそそうをする場合には、被害はそれほど大きくないかと思いますので、まあいいのでは（？）と思うのですが、できればちゃんとトイレでして欲しいということなら、14ページで紹介した方法でトレーニングをしましょう。

**「飼い主さんがいるときにトイレで排泄した方が、うれしいことがある」と犬に学習させることができたら、留守番中のそそうはなくなります。**

留守番中にそそうをする意味を「（犬による）嫌がらせ」と考える人がいますが、それ

はちょっと違うのではないでしょうか。嫌がらせであるためには犬の側に「排泄物は汚い」という認識がないと成り立ちませんが、私は、**犬たちは排泄物を汚いものだと思っていないと考えています**。そうなると嫌がらせにはなりません。

犬にとって排泄は快感をともなう行為です。快感を得たいときとはどういうときかと考えると、不安やストレスを感じたときかと思います。人間の場合、上司に理不尽なことを言われて不快を感じたら、カラオケで歌ったりジムで体を動かしたり、快感を得られる行動をして発散・解消します。犬にとって留守番中の排泄は、それと同じ意味があると私は考えています。

犬が不安やストレスを解消し快感を得られる行動は他に、吠える、かじる（いたずら、破壊と人間には見える）、掘る、走り回るなどがあります（これらの行動は、ストレスを解消するためだけにするわけではありません）。

**留守番中の排泄は、飼い主さんがいないことに不安を感じ、それを解消しようとしてするのではと私は考えています。**

とすると、日頃からべったりするだけでなく、お互いの時間を楽しむようにすると、不快を軽減できるかもしれません。

## Q 「室内でさせたくないので、外でしかしないようにしつけたい」はＯＫ？

## A 室内でも外でもできるようにしましょう

外でしかしなくなると、台風や大雪の日も外に出してあげなくてはならなくなります。飼い主さんも犬も健康なら、レインコートでも着せて外出できるかと思いますが、飼い主さんの体調が悪かったり、犬の体調が悪かったり、ケガをして歩けないなどの状況になったときにとても困ることになります。

**外でしかしなくなると、出せないときに１～２日もがまんすることもあるようで、大変体に悪いです。また老犬になると排泄の間隔が短くなり、その度に外へ出さなくてはならなくなります。飼い主さんにも犬にも大変な負担になります。**

そうしたことを防ぐためにも、室内でも外でもできるようにしておくことをおすすめします。

朝、晩、規則正しく散歩に行っていると、外でしかしなくなることがあります。そうならないように、**室内のトイレで排泄したときは言葉でよくほめて、とっておきの食べ物を与えましょう。確実にトイレでするようになるまで、続けましょう**（**14ページ参照**）。

食べ物をあげないでいたら成功率が下がった場合、食べ物を再開するといいでしょう。

逆に、「外でしかしなくなった。室内でさせたい」というお悩み相談も少なくありません。その場合は、「声かけ」で排泄（オシッコ、ウンチ）できるように、外でトレーニングしてから室内に戻します。外で排泄しているときに「ワン・ツー、ワン・ツー」など声をかけます。ペットシーツを持っていき、最初はオシッコをしているときに後からシーツを当てて、シーツの存在を意識させるようにしておくといいでしょう。

声かけで完璧に排泄できるようになったら、玄関先などにシーツを敷いて排泄させ、だんだんと室内に移動します。食べ物などのごほうびを使うと学習が早いでしょう。

「散歩を始めたばかりの子犬が外で排泄しない」と心配する飼い主さんもいますが、子犬ならそのうちするようになるので、様子を見守るようにしましょう。

成犬の場合はそういうわけにはいかず、ガマンさせすぎてしまうこともあるので、声かけで排泄してくれるように練習して、外で排泄できるようにしましょう。

トイレのしつけは、あせらず気長につきあう方が成功率が上がりやすいようです。

ハウス

# Q ハウスに入れると吠えたり暴れるので入れたくないんだけど？

## A 「ハウスは安心できる自分だけの大切な場所」と教え、入れるように練習しましょう

どんな動物でも、閉じ込められることへの恐怖は大きいと思います。もし人間が閉じ込められたら、映画のシーンのようにパニックを起こすのではないでしょうか。

しかし人間の都合で私たちは犬に「ハウスに入ってもらいたい」と思ってしまいます。特に犬は「人間と一緒にいたい」と思ってくれる動物なので、ハウスに隔離されることには不快を感じるでしょう。しかし上手に慣らして「ハウスは安心できる心地いい場所なんだ」と学習させることができたら、人間との共生のためにとても都合がいいです。

「ハウス」とは、犬を中に入れて扉を閉められるもので、主にケージ、クレート、サークルがあります。飼い主さんが「ハウス」と言ったらどこに入って欲しいかで、それぞれのお宅での「ハウス」が決まります。たとえば、ケージで囲った中にクレートを置いている場合、ケージの中に入るのでよければケージが「ハウス」に。クレートまで入って欲しけ

ればクレートが「ハウス」ですので、そこに入るようにトレーニングしてください（レッスン先では、ケージの中にトイレトレーとベッドを置いているお宅が圧倒的に多いです）。ハウスに入って自分の時間を過ごすことを教える練習を「ハウストレーニング」といいます。子犬のうちに始めると学習させやすいです（12ページ参照）。

ハウストレーニングをしたらずっとハウスに入れておかなければならない、ということではありません。**私はハウスでも落ち着いて過ごせるようになったら、できるだけ入れないで一緒に過ごしたいと思っています。**夜もフリーにしていますが、ベッドで一緒に寝るか寝ないかは犬たちが決めます。冬はベッドに来ることが多く、夏は涼しいところで寝ることが多いです。留守番をさせるときは、何かあると危険なのでハウスに入れています。

ハウスにいられるようになると、一緒に出かけて宿泊するときにも安心です。いつも使っているハウス（クレートが便利）を持っていけば、場所は違ってもハウスが自分のものなので、安心して過ごしやすいです。災害のとき一緒に避難した場合、ハウスに入れることが避難所に入所する条件になるかと思います。入院した場合には病院の犬舎に入らなければならないので、ハウスに入れない子には過剰なストレスがかかることもあります。人との共生において、練習しておく重要度は高いトレーニングです。

column 2

## ドッグフードと手作りごはん

犬のごはんでポピュラーなのは、ドッグフードでしょう。

私が子供のころは、ドッグフードの種類はそれほどありませんでしたが、今ではたくさん種類があり、選ぶのが大変なくらいです。

輸入されているものもたくさんありますが、(個人的には)輸送に時間がかかるのが気になります。

良質な国産のものもたくさん出てきましたので、そちらの方が輸送の時間が短いため劣化の心配も少なく安心です。

我が家では、愛犬たちのためにオリジナルレシピのフードを九州にある工場で作ってもらっています。入荷するときはできたてホヤホヤです。

ドライフードは、「子犬のころはふやかしてあげて、成長するにしたがってカリカリのままあげる」というのが常識だったようです。

しかし、獣医師に確認したところ、乳歯でも歯が生えそろっているならふやかさなくても食べられるはずだということです。

それよりも気になるのは、カリカリのドライフードがお腹に入ってから、いつ水を吸い込みふくらむかということです。ふやかして

いればお腹に入ってから水を吸うことはありませんので、ふくらむこともありません。

しかしドライのまま食べると、そのあと飲んだ水によってふくらむことになります。ふくらむ場所が具合悪かった場合、吐き戻して食べ直すことがあります。

我が家でもドライフードをあげていたときは、ブリーダーからごはんの前後30分は水を飲ませないように言われていました。

今では手作りごはんをあげているので、その必要はなくなりましたが、ドライフードをあげるときは、ふやかしてあげるようにしています。

歯石がつきやすくなるようですが、歯磨きをしているので問題ないかと思います。

かむ練習にならないという人もいますが、おもちゃをかんでいるのなら問題ないのでは(?)と思っています。

私は1999年に、人生で初めて自分の責任で飼う犬(名前はロック(♂)。2007年没)を迎えました。

最初はブリーダーに指定されたドッグフードを与えていました。

2kgくらいの小袋で買っていたのですが、どうせあげるのだからと、並行輸入品の大袋を買ってしまったところ、自家中毒を起こさせてしまいました。吐いて下痢をし、大変かわいそうな目にあわせてしまいました。

ドッグフードの脂の管理は大変重要であることを知りました。においをかいで、油臭くないか、しっかりとチェックしましょう(個人的には、自分の口に入れたくないと思う粒のものは、愛犬たちに与えたくありません)。

我が家唯一のグルメ犬エリオス（6歳♂）は、手作りごはんを始めたら、忙しいときにたまに与えるドッグフードは「嫌だ」と食べなくなりました（我が家のために専用に作っていただいているオリジナルフードなのに！です）。

たしかに犬たちは、あきらかにドッグフードより手作りごはんを喜ぶし、おいしそうに食べてくれます。なのでがんばって作るようにしています。

その甲斐あってか、毎日、（肝臓へのダメージは避けられない）西洋薬の投薬を続けているクロノス（5歳♂。元保護犬。てんかん持ち）は、肝臓の数値悪化が懸念されていますが、今のところ正常値を保っています。

ロックの病気が発症してから、獣医師が書いた犬のごはんのレシピ本を参考に、手作りごはんを始めました。6歳半のときでした。

それから3年、手作りごはんを与え続けました。結局9歳半で亡くなってしまいましたが、亡くなる3日前まで私のごはんを欲しがって、となりに座っていてくれました。

手づくりごはんに変えてから、高くなっていた肝臓の数値が下がったこともあり、獣医師に感心されたことがありました。ロックは最期までおいしく食べてくれたと思っています。

手作りごはんに変えたら涙やけがなくなった、耳が汚れなくなったという話もたくさん聞きます。

ごはんを手作りしてやることは、私の喜びでもあります。

column 3

# トイレと愛犬…私が学んだこと

犬にトイレを教えることは、人間との共生のために必要なことです。

しかし…。

2018年1月にアクセル（♂）を亡くしました。

15歳半の老体は、最後にはウィルスに感染してしまい、嘔吐と下痢をくり返しました。自分では動かせなくなった体で、排泄したくなると「トイレに行きたい！」という悲鳴のような悲痛な叫び声を30分ごとにあげ……お互いにつらい闘病になりました。

立たせてやると、ヨロヨロとトイレまで歩こうとしました。やっとの思いでする排泄はもはや水様便で、その数日後にお別れすることになりました。

その場でもらしてくれてもいいのに、重篤な体で悲痛な叫び声をあげてまでトイレに行こうとする姿に、なんとも切ない気持ちになりました。

人との共生のために必要とはいえ、犬本来の行動とは違うことをしてもらっているのだということを痛感しました。

column 4

# てんかん持ちの愛犬と「そそう」

アクセルより10歳以上若いのですが、我が家にはクロノスという5歳のオスがいます。てんかん持ちの元保護犬です。

我が家の犬たちは滅多にそそうをしなくなりましたが、クロノスは、てんかん発作の後しばらく、そそうをする可能性が高くなります（関係があるかはわかりませんが、発作は脳で起きるので、意識に何らかのダメージを受けるからでしょうか）。

性質的に社交性が低いからか、発作のせいで（?）神経質なところがあるからか、来客があったり、知人の犬を預かったりするとあきらかに不快そうなときがあり、そういうときは、マーキングをしたりすることがあります。

発作を引き出すようなことはしたくないので、日頃から極力脳に刺激になるような接し方はしないように気をつけています。

なので、叱ることもほとんどしません。そのためか（?）実に魅力ある犬らしい子になっています。

Part 4

# やってはいけない愛犬のしつけ

## かみぐせ

# Q 「かんだらあおむけにして〝ゲッ〟と言うまでノドに指をつっこむ」は正しい？

## A 不快感や恐怖から、かえってかむようになるので絶対にやめましょう

この場合の「かんだら」とは、甘がみのことを言っていることが多いようです。犬の甘がみは「遊ぼう！」というメッセージです。なので、これでは信頼関係は台無しになり、愛犬との関係を破壊してしまいます。

犬がかむのには理由があります。かみつきは、かむことで犬が伝えているメッセージによって2つに分けることができます。

① **「遊ぼう！」「かまって！」という、相手とコミュニケーションしたいときのかみつき**
② **「怖いよ！」「やめて！」「嫌だよ！」という、恐怖、不快を表すかみつき**

この2つを、「甘がみ」「本気がみ」と分けるのがポピュラーになっているようですが、私は「遊ぼうがみ」「やめてがみ」と、呼び方を変えた方がいいのではないかと思ってい

ます。
飼い主さんと遊びたくて「甘がみ」でコミュニケーションしているとき、犬は本気で遊びたいので、ある意味それは「本気がみ」と言えます（この点をこれ以上踏み込むと話がややこしくなるので、このくらいにしておきます）。

「遊ぼう」と言ったら、飼い主さんの手が自分に向かって伸びてきて、指を強引に口の中に突っ込まれ、「ゲッ」となるほど苦しい目にあわされたら…。もしあなたが犬だったら、その人のことをどう思いますか？

その人がまたあなたに向かって手を伸ばしてきたら、「またやられる！」と思うのではないでしょうか。もし、そんなことされたくないのに逃げられなかったら…？

「甘がみ」は子犬と遊んで仲良くなれるチャンスなのに、あえてそれを台無しにしたい飼い主さんはおそらくいないでしょう。犬は、遊びたくない相手に「遊ぼう」とは言いません（逆に言えば、甘がみされない人は、子犬から「この人とは遊びたくない」と思われているということです）。

**愛犬の行動の理由を知っていれば、甘がみはまったく別のものに見えてくるはずです。**

# Q 「甘がみ」を許してると本気がみになる？

## A 許していても本気がみにはなりません。甘がみと本気がみは別のものです

私が犬を飼い始めた20年前は、甘がみする犬＝悪い子、ダメ犬と言われていました。当時は何も知らず信じていたので、最初に迎えた2頭は甘がみをやめさせてしまいました。

しかしいろいろ調べているうちに、とんでもない間違いだったということがわかります。自閉症の動物学者でコロラド州立大学教授であるテンプル・グランディンと、脳と神経精神病学を専門とする著述家であるキャサリン・ジョンソンの共著『動物感覚』には、「攻撃を司る脳の回路が、遊びを司る脳の回路とは別にあることもわかっている」とあります。**甘がみは本気がみ（攻撃的なかみつき）にはつながっていないと言えます**。私は犬たちと接してきて「つながっていないだろう」と感じていましたが、裏付けがここにありました。

16年間で2100頭以上の犬たちとレッスンで向き合って、かみつきに関して、犬は4パターンに分けられることに気づきました（次ページの表）。

## 甘がみと本気がみの関係

○＝する　×＝しない

| | 甘がみを放っておいたか、やめさせたか | 甘がみ(遊ぼう!)をするかしないか | 本気がみ(やめて!)をするかしないか |
|---|---|---|---|
| A | 放っておいた | ○ | ○ |
| B | 放っておいた | ○ | ×<br>(成長してしなくなった) |
| C | やめさせた | × | × |
| D | やめさせた | × | ○ |

(c) Doggy Labo

甘がみを放っておいても、やめさせても、本気でかむようになる犬もいるし、ならない犬もいるということです。

**本気でかむには理由があり、甘がみを放っておいたからではないと考えた方がいいと思います。**

表のDタイプは、甘がみをやめさせようとしてマズルを「キャン」と言うまでギュッとつかんだり、指を口の中へ突っ込んだり、あごの下の毛を「キャン」と言うまで引っ張ったりという、ペットショップや獣医さんからアドバイスされたことをやってしまった結果、本気がみをするようになった悲しいケースです。

このケースが多いのはとても残念なことです。

# Q リラックスポジションがとれない。どうすればいい？

## A 必要ありません

犬を服従させる（？）という目的だそうですが、「飼い主さんが座って足を伸ばしてそろえた上に愛犬を仰向けにしてお腹を出させ、抵抗せずリラックスできるようにする」というトレーニングを「リラックスポジション」といいます（仰向けに慣れていない犬はものすごく抵抗しますので「リラックス」というネーミングに違和感を感じるのですが）。

お客様先でよくあるケースでこういうものがあります。

「子犬のしつけ教室で、先生に言われてやったけど暴れてしまった。先生に、『飼い主さん、絶対に負けちゃダメ！　押さえつけなさい』と言われてやってみたけど、あまりに嫌がるのでかわいそうでできなかった。そうしたら『飼い主さん失格ですね』と言われてしまった。**これがもとで信頼関係が壊れ、嫌なことをするとかむようになってしまった**」

……リラックスどころか、もし慣れていなくて恐怖を感じたりするようなら、何も悪いことをしていないのに罰を食らわされているわけですから当然の話だと思います。

「犬がお腹を出すのは、相手に服従しているというアピールだ」という説があるようですが、私には「世渡り上手のポーズ」に見えます。このポーズは、「生まれたばかり、自分で排泄できない時期に母犬に強引にひっくり返され、お尻を刺激されて排泄し、それを母犬が舐めとるという行動により学習される」とされています。オオカミの場合、子オオカミが巣穴から出てくるときにはもう学習しているそうです。そして、このポーズは成獣から要求されるものではなく、自らとる行動なのだということです。

我が家で生まれた子犬たちを、成犬が遊びながら少々荒めにひっくり返したり、追い立てたりしていました。子犬たちに教育的指導をしていたのです。教育された子犬たちは、私が鼻で押してもコロッとお腹を出してくれました。

4本足の動物にとって、〝つかむ〟ことができる霊長類の手は、とても怖く感じるそうです。お腹を出す行動を、両手で押さえつけて人間が無理やり教えるのは、おかしな話だと感じます。無理にやってはいけません。犬がお腹を出したくないなら、受け入れましょう。**「お腹を出さない＝飼い主さんに服従していない」ではありません。**どうしてもお腹を出して欲しいなら、遊びながら楽しくできるようにしましょう。

## Q 「引っ張りっこ遊びでは、人がゼッタイ勝つべし」ってホント？

### A 犬にも楽しく遊んでもらうために、人もたまには負けましょう

前の項に関係しますが、「リーダー論」は広く浸透しているので、「引っ張りっこに負けると、犬が人間を下に見るようになる」とか、「そうなると言うことを聞かなくなる」と考えてしまう人は多いようです。

ここでちょっと考えてみましょう。

そもそも、引っ張りっこの目的は何でしょう？

遊びですね。遊びだとしたら、その目的は何でしょう。

一緒に楽しむことなのではないでしょうか。

そのためには、どちらか一方が必ず勝つというのは、楽しいでしょうか（勝つ方も）。

遊びは、勝ったり負けたりするから楽しいのではないでしょうか？

テンプル・グランディンの著書『動物感覚』に、14頭のゴールデンレトリーバーと綱引きをしたときの調査結果について、書かれています。「綱引きで犬に勝たせると、飼い主さんと対等だと思うようになり言うことを聞かなくなる」という説に、異論を唱えるものです。

結果は、負けた犬は確かに言うことをよく聞くようになったそうですが、勝った犬も同じように言うことを聞くようになったのだそうです。綱引きで楽しく遊んだことで絆が深まったのでしょうか。

**「言うことを聞くか聞かないかは上下関係ではなく、どうやら絆らしきものが関係しているのではないか」と私は感じました。それは「好きな人の言うことは聞く」という人間の理屈に似ているような気がします。**

我が家の犬たちは、引っ張りっこをやめると、持ってきて「もっとやれ！」と言います。これは私に「優位に立て！」と言っているのでしょうか？　私は優位に立ちたいとは思わず、できれば対等な家族として頼りにされる存在になりたいと思っています。

# Q ブラッシングするとかみまくるけど、続ける方がいい？

## A オヤツを使って慣らしましょう

野生の動物は、ブラッシングされることはありません（動物園は別でしょうか）。犬は人間が改良した動物ですので、人間がケアしないと毛が伸びて目をふさいでしまったり、もつれてしまい、生活に支障が出る場合があります（問題ない犬種もあります）。

我が家にいるミニチュアシュナウザーは、まさに毛が伸びてもつれる犬種なので、ブラッシングするとき、ちょっと申し訳ない気持ちになることがあります。トリミングやブラッシングは、彼らにとって決して心地いいものではないと思うので、毎日のケアが必要なのを気の毒に思ってしまうのです（もちろん、だからこそ惚れ込んだ犬種でもあるので、そのあたりは我欲のなせることと矛盾を認めなくてはなりません）。

ブラッシングするとブラシをかんでくる理由は、2つあるようです。
ひとつは、「動くブラシが気になり、じゃれて遊びたくなる」。
もうひとつは、「もつれた毛にブラシを入れると引っ張られて不快感があるので、やめて欲しいというメッセージを伝えている」です。

どちらも悪いことではありませんので、叱るのはおかしいです。嫌であろうことをやらせてもらうので、気を紛らわせてやるようにしましょう。

**長持ちするオヤツ、たとえば犬用の大きめのジャーキーやアキレスを使ってブラッシングするのがおすすめです。**

**かじらせながら、最初はなるべく手早く短めにブラッシングします。嫌がる前にやめるようにして、だんだん必要な時間できるようにしていきましょう。**

毛がもつれて不快感を与えないように、できれば毎日といてやるといいです。
必要に応じて、犬のブラッシング用ローションなどを使うといいでしょう。

# Q 遊んでると急に興奮してうなり、かみ、暴れ始める。どうすればいい？

## A 叱るとよけいに興奮することが多いので、落ち着かせましょう

特別なことではなく、こういうタイプの犬をたくさん見てきました（もちろんこういう状態にならない犬もいます）。

性質なので良し悪しはありませんが、飼い主さん側に「こうあって欲しい」という理想のようなものがあると悩みが生まれることになります。

人も犬も同じで、相手を変えたいという気持ちだけが強くなると悩むことになります。離別感（あなたはあなた、私は私。あなたに私の思い通りになって欲しいとは望まない感覚）を適切に持ち、「よりそイズム®」に則って「そうか、君はそうしたいんだね」と相手を受け入れる気持ちになれたら、人も犬ももっと幸せになれるのではないでしょうか。

遊んでいるときに急に興奮しだす犬を何頭も見てきました。子犬のころに多いように感じますが、その多くは人とも犬とも触れ合って遊ぶ機会が少なかったのではと考えるよう

になりました。要するに遊ぶのがまだ下手なのです。特に子犬が興奮しすぎる場合、成犬からの教育を受ける環境がほとんどない、ペットショップから迎えた子犬や、あまり優良ではないブリーダーから迎えられたケースが多いように感じます。

恩師であるブリーダーの指導のもとで私が繁殖をしたとき、恩師からアドバイスされたことの中に、「1日1回、子犬1頭1頭、大切に体重を計れ」というものがありました。

それは、生まれたばかりのころから、人の手に慣れさせるためです。まだ目も耳も開かず、母犬の乳首に吸いつくことしかできなくても、潜在意識の中にちゃんと私の手の触感が入るのだそうです。もちろん、言われなくてもかわいすぎて触ってしまいますが、触りすぎも子犬に負担をかけてしまうので注意が必要です。

興奮して暴れ始めたら、放っておくのもいいですが、せっかく家族になったのですから触れ合うようにしてみてください。まずオスワリ（6ページ参照）を教えて、興奮し始めたらオスワリしてもらいましょう。必要ならオヤツを使いましょう。

**押さえつけようとすると逆効果です。「オスワリ」という言葉を聞いて、理解し、自分でお尻を床につけることができたら、ちゃんと自分で自分の興奮をコントロールできる、〝おりこうな〟犬になります。**

## Q 触るとかむ。ケアできないので困る…

### A 触られるのが嫌なので、気をそらしながら、触られることに慣らしていきましょう

人なつこい、怖がり、大胆、慎重、警戒心が強いなど、犬にも生まれつきの性質があります。犬種の特性や遺伝の影響もあるでしょう。

また、体内に胎児がいるとき母犬がどういった環境、扱いを受けたのかも影響します。劣悪な繁殖場で出産する母犬には多大なストレスがかかっていることがありますし、母犬の栄養不足は生まれてくる子犬の性質に影響します。そういう場合には、耐性が弱い子犬が生まれることがあり、体を触られることに対して異常な不快感や恐怖を感じてしまうことがあります。

ペットショップに並ぶまでの環境、段ボールに入れられて競り市会場まで運ばれ、バイヤーに買われてペットショップまで連れてこられる状況の中で感じる不快や恐怖体験など

が、触られることに対して過敏な性質を作る可能性もあります。優良ブリーダーのところで、人からよくケアをされてきた犬を迎えた場合、触られることにも慣れていることが多く、新しく迎えた飼い主さんが苦労することは少ないようです。

**体のどこでも触れるようにしておくと、小さな異常にも早く気づくことができるので、慣らしておきたいところです。**

**オヤツを使うという考え方もあるようですが、本当に嫌がるときだけでいいと思います。**

大切なのは、まずお互いに安心できる関係を築くことです。触られるのを嫌がったり怖がる場合、触り方だけではなく、触る人との関係性に問題がある可能性も、大いにあります。

触らせてもらえる飼い主さんになるために、どこを触ると犬が喜ぶのかをよく観察しながら、喜ぶところを、愛犬が心地いいと思う力でやさしく撫でたり、楽しい雰囲気の中で触らせてもらいましょう。それによって、どれほどその子を愛おしいと思っているかを伝えましょう。「かわいいね」など言葉をかけながら、どれほど自分がその子をかわいいと思っているか、感情を伝えるようにしましょう。

**犬が体を引くようにしたり、撫でる手をよけようとするときは「もうやめて」というメッセージかもしれません。やめるようにしましょう。うなったり、口を手に近づけてきたり、空中をかむようなそぶりをされたら、やりすぎです。**

残念ですが、それまでも愛犬が喜ぶように撫でられていたのか疑わしいので、犬の表情や様子をよく観察しながらやることが重要です。

そうしているうちに、体の力が抜けて表情がやわらかくなり「そこは気持ちいい」「もっとやって」というメッセージや、逆に、体に力が入り、顔を飼い主さんに向けるなど、「そこは気持ちよくない」「やめて」というメッセージを、犬から受け取れるようになるでしょう。

**こうなると、心がつながるのを実感できるようになります。**

押さえつけたりすることに手を使うのではなく、やさしく触れ合うことでわかり合えるものを、大切に考えたいものです。

## Q 他の犬をかむのでマズルをつかんで叱っている。いい方法はある？

### A 犬は〝かんではいけない〟とは学習せず、マズルをつかんだ人をかむようになるので、絶対にやめましょう

これをやってしまって、人をかむようになったケースがたくさんあります。

「他の犬をかむ」目的は2つに分けられます。甘がみと同じで、ひとつは「遊び」、2つめは「本気がみ（不快感を示すもの）」です。

ひとつめの「遊び」の場合は、放っておいても問題ありませんが、子犬のころから遊び慣れている犬と、そうでない犬とでは上手くコミュニケーションできない場合もあります。**相手が遊び慣れていない場合には不快な思いをさせてしまうので、こちらが遊び慣れている犬であっても引き離した方がいいでしょう。**放っておけばだんだん遊べるようになる場合もありますが、飼い主さん同士では判断が難しい場合もあります。

かみつきあいは、犬にとってとても楽しい遊びです。我が家の犬たちも11歳、6歳、5歳になりますが、いまだに取っ組み合い、かみつきあいの遊びを毎日楽しんでいます。子

犬でなくても遊べるようになりますので、やめさせるのではなく、同じように遊べる友だちがいたら遊ばせてやるといいでしょう。

リードが付いている場合、最初はクンクンにおいをかぎ合っていたのに、急にガウガウやり合ってしまったというケースがたくさんあります。自由に逃げられない状態でのあいさつは注意が必要です。

心配なら、飼い主さんにあいさつをさせてもらっても大丈夫か（かまないか）聞いてからにすべきですが、**「大丈夫」と言われてもかまれたケースもあるので注意が必要です。**

お尻のにおいをかぎ合うのは犬同士のあいさつですが、そのあと「遊ぼう！」となるか、知らんぷりするか、ガウッとケンカになるかは、見極めが非常に難しいです。

どのくらい時間があれば相手に慣れるかは個体差があり、数十秒のこともあれば、10分くらい必要なこともあるようです。10分、飼い主さんがつきあってあげられる場合はいいですが、もっとかかる場合もあるかもしれませんので、ある程度は飼い主さんの都合に合わせてもいいでしょう。

いずれにせよ、犬同士のことになるので、犬のボディランゲージをしっかり読み取ってやらなくてはならないのですが、プロのドッグトレーナーでもできない人はたくさんいます。心配なら、信頼できるドッグトレーナーにサポートをお願いするのがいいでしょう。

もうひとつの理由である「本気がみ（不快感を示すもの）」の場合は、慎重に扱わなければなりません。場合によってはケガをさせたり、させられることもあります。死に至ってしまったケースもあります。

**どういう場面でそれが起きるのかにもよりますが、ドッグランで他の犬にケガをさせてしまう危険性がある場合には、連れて行ってはいけません。**

散歩中に起きる場合には、リードでしっかりと動きを管理し、危険な場面を作らないように努めるのが飼い主さんの責任です。それが愛犬を守るということです。

最初はうなっていても友達になれるケースもあります。

本気がみになりそうな様子を判断するのは、一般の飼い主さんにはとても難しいことだろうと思います。唇を持ち上げて牙を見せているときは「それ以上やるな」というメッセージですが、そうしたからといって必ずかむわけではなく、かまないこともあるようです。

判断が難しい場合には、プロのサポートをお願いすることも視野に入れてください。かまれてしまってから、他の犬ともまったくあいさつができなくなってしまったケースも少なくありません。愛犬が「かむほど嫌だ」というメッセージを伝えているなら、そういう場面を極力作らないようにしてやることも大事だと思います。

まだ子犬の場合には、プロの指導のもとで、しっかりと社会化を身につけてやるといいでしょう。子犬同士でじゃれあっている中で、相手とどう接したらいいのか、何をしてはいけないのか、たくさん会えば会うほど経験値が高くなり、社交上手な犬になります。

他の犬と接することが嫌ではないようにしておいてやると、飼い主さんの都合で他の犬と接しなければならないときに、それほどストレスにならずにすみます。遊べるようになるなら、犬としても楽しいでしょう。**人間と遊ぶよりもはるかに運動量が消費できますので、健康にもいいでしょう。**苦手なものが少ない方が生きやすいのは、人間も同じではないでしょうか。

とはいえ、社交性が低い犬でも、飼い主さんの考え方しだいで幸せな一生を送ることができます。**本当に他の人や犬が苦手な場合には、無理に接触させず、社交性を望まないことで、お互い幸せを感じることは十分にできるはずです。**

大切なのは、理想を追い求めすぎないことだと思います。犬たちは、そんなことは気にしていないと思うのです。他の友達よりも、（群れのメンバーである）信頼できる飼い主さんがいれば幸せなのでは？と私は思っています。

## Q 家具をやたらとかむ。どうすればいい？

### A 家具をかんで遊ぶほど犬がヒマになっています。遊んであげる、散歩に連れ出すなど、エネルギーを消費してあげましょう

個体差はありますが、犬は作業を楽しむ動物です。その作業意欲に応えてやることは、犬のストレス軽減に役に立ちます。

愛犬に長生きして欲しいと願わない飼い主さんはいないのに、「愛犬のストレスを減らしてあげることには、あまり注意を払っていない飼い主さんが多いのでは？」と感じることがあります。ストレスが寿命に影響するのは、すべての動物に言えることでしょう。

「(愛犬が）何か作業をしたいとしても、何もしないでじっとしている」というのは、飼い主さんが本来望む姿ではないように思います。

**やりたいことができなかったり、やりたくないことをやらされることで、ストレスレベルは高くなります。**

column 5

# トリミングサロンを選ぶポイント

純血種を飼う喜びとして、その犬種が持つ独特な形の美しさを堪能するということがあると思います。

ドッグショーに出しているブリーダーたちは、その犬種のスタンダード、決められた規格に沿った犬を作るのに必死です。それが一流、優良ブリーディングの世界です。

特にトイプードルやミニチュアシュナウザーなどの犬種は毛が伸びるので、トリミングが必要です。

トリミングによって顔や体の雰囲気が変わるので、好みのスタイルにしてくれるトリマーさんとの出会いは重要です。トリマーさんによって、別の犬になります（笑）。

チワワやミニチュアダックスフンドは、毛が伸び続けることはありませんが、顔の周りや毛先などを整えると、さらにかわいくなることもあります。

「自分の犬だから自分でトリミングしたい」という方は、されるといいと思いますが、ハサミを使うことになるので、ケガをさせないよう十分に注意が必要です。

トリマーさんは慣れた手つきでやってくれるので犬も安心しやすいですが、飼い主さんが慣れない手つきでやると、犬も不安がる場合があります。

特に爪切りなどは、慣れていなくて自信がない場合には、トリマーさんに任せましょう。失敗して痛い目にあわせてしまうと、その後なかなか切らせてくれなくなってしまうこともあります。


トリマーさんは、犬にとって必ずしも快いことをするわけではないので、かまれることもある大変な仕事だと思います。

誰でもかまれるのは嫌ですし、手をケガしたら仕事ができなくなるのでかませないようにするのは理解できます。

しかしトリマーさんの中には、仕事がしやすいように、犬の痛みや恐怖を利用して自分が作業をしやすいように「ガツンと痛い目にあわせる」人もいるようで、とても残念です。

そういうトリマーさんにお願いしてしまい、かむようになってしまった犬のレッスンを何件かしたことがあります。


トリミングをしなければならない動物を作ったのは人間です。

私もミニチュアシュナウザーを飼っていますので、トリミングやブラッシングを嫌がられると、やりにくいのでイラッとすることがあり、気持ちは理解できなくはありません。

しかしやはりその身勝手な考え方は反省すべきと思います。

かむ犬を受け付けてくれないサロンもありますが、かまれないようにバスケットマズル（かみつけないように犬の口にはめるもの）やエリザベスカラー（傷口をなめたり、かみつかないように首の周りにつけるもの）を着けてなるべく叱らないでトリミングしようとしてくれるトリマーさんもいます。

だんだん慣れてきたら、できるだけそうした装具を着けないでトリミングしようとしてくださるトリマーさんもいます。

犬種、スタイルによっては、3時間くらいトリミング台の上に乗っていなければならないこともあるようです。

若い犬なら耐えられそうですが、シニア犬の場合には、ストレスが少ない自宅でのトリミングも考えた方がいいと思います。

犬の様子を見て休み休みやってくれるプロの方もいるようです（その場合は、お迎えの時間までに少々かかることもあるようです）。

犬の状態を考えて、どうしてやるのが一番いいか、飼い主さんが判断してあげてください。

Part 5

# やってはいけない愛犬のしつけ

## 吠える・鳴く／暴れる／お留守番

# Q ドアホンが鳴ると吠えっぱなしに。どうしつければいい？

## A それは犬の本能的な行動です

諸説ありますが、人と犬は約1万5000年前に出会ったと言われています。チーム、家族としてつきあうようになった理由として、犬の警戒心を利用することが人の生活にとって都合が良かったことが挙げられています。

しかし現代の住宅が密集する都会では、「吠える＝問題行動」とされるようになりました。とはいえ、住宅が密集していない環境では問題行動とはされません。つまり、犬の自然な行動である「吠える」は、環境によって問題になったり、ならなかったりするのです。

ということは、「吠える」という行動そのものが悪いのではなく、吠えては困る環境で犬を飼うことが問題なのだと考えられるのではないでしょうか？

私は、「ペット共生型」と謳っているマンションは、玄関や窓を2重にしていただけると、犬との生活を楽しみたいと思う人がもっと増えるのではないかと思うのです。迷惑をかけてはいけないという飼い主さんのストレス、叱ることを不快に感じるストレス、自然な行動なのに叱られる犬たちのストレス、それらが大幅に軽減されるなら、少々値段が高くてもそちらを選ぶ人は少なくないと思います。

私の妹は札幌に住んでいるのですが、玄関と窓は2重になっていて、両隣には別のお宅が隣接していますが、飼っている犬の吠える声で困ることはないそうです。私自身も、高速道路のすぐそばに建てられていたマンションに住んでいたことがありますが、窓は2重になっていて、ドアホンが鳴ったり、私が帰宅したときなどはそれなりに吠えましたが、苦情が入ることはありませんでした。他の家の犬の吠える声も聞こえたことはほとんどありませんでした。

人と犬との共生において、犬にばかり「こちらに合わせろ」と言うのは少々虫が良すぎるのではと思いますが、犬たちは上手にお願いすればやってくれます。

**ドアホンが鳴ったらハウスの中におもちゃを入れて「これで遊んでてね」とお願いしましょう。おもちゃで気を引けない場合は、おもちゃの中に食べ物を入れるといいです（12ページ参照）。**

## Q ハウスに入れていると吠えるので、出してあげてもいい？

## A 「吠えると出してもらえる」と学習して吠えるようになり、ハウスですごせなくなります

これは「要求吠え」と言われるもので、人間が犬に教えることによって出てくる行動です。人も同じだと思いますが、うれしいことが起きると、それを引き出すことになった行動をくり返すようになります。

犬にとって、ハウスに拘束されるのはうれしいことではありません（ハウスに入るのがではなく、拘束されるのがうれしくないということです）。吠えたら拘束が解かれて出してもらえたとなると、吠える→出してもらえる→飼い主さんと触れ合える→自由に歩き回れる、といいことずくめですので、当然「吠える」という行動を学習し、くり返すようになります。そんなつもりはないのに、飼い主さんがそう教えてしまっているのです。

人間の都合ではありますが、犬にハウスの中ですごしてもらわないといけない場面があります。目を離していると、いろんなものをかじってしまう場合は、犬を危険から守ること

になります。扉を閉められると犬は自由に出られませんが、自分だけの場所でリラックスすることもできます。大切なのは、「扉は閉じるけど、必ず開けてくれる」と犬に理解してもらうことです。

**ハウスの中で吠えてしまう場合、布などで覆って目隠しをすることをおすすめします。**

静かになったら布を外し、吠えたら覆う。犬は布が外れている方がうれしいので（動物にとって周りの様子が見えないのは恐怖です）、吠えない↓布が外れると学習したら、吠えないでいるようになります。これは学習の理論です。犬が「自分は飼い主さんより上だ」と思っているから叱ってもやめないという話ではありません。

なかなか静かにならず、狂ったように吠え続ける場合、飼い主さんは心配になることもあるかと思いますが、永遠に吠え続けることはできません。必ず諦めますので、その前に飼い主さんが諦めてしまわないよう、気をしっかり持ちましょう。ただし、愛犬が体調をくずすほどにならないよう、吠える声などを聞き分けることも大切です。

ハウスから聞こえる音には十分注意を払い、聞き慣れない音が聞こえたら布を外して確認してください。愛犬がふだん通りの様子でうれしそうに飼い主さんを見上げたとしたら、「聞き慣れない音を出せば布を外してもらえる」と学習してしまっているかもしれません。

# Q 来客時、ずっと吠えてる。ハウスに閉じ込めてもいい？

## A 怖がっている場合には、お客さんがいる部屋とは別室に連れて行きましょう

まず、なぜ吠えているのかを理解してやる必要があります。来客に対して吠える場合、3つのパターンがあると思います。

**①知らない人が怖い**
**②知らない人に、ただ興奮している**
**③知らない人だけど、うれしくて喜んでいる**

①の場合は、子犬だったら慣らしていくことも可能ですが、成犬の場合には怖いのをただがまんさせるのはストレスになってしまいます。ハウスに入れて扉を閉めるだけで落ち着ける場合もあります。目隠ししてやると落ち着きやすくなることもあります。

同じ部屋で落ち着けない場合は、他の部屋に連れていきましょう。他の部屋で落ち着けるなら、お客さんが帰るまでそこに置いてやります。他の部屋に移動できない環境の場合

は、誰かに散歩に連れて行ってもらうのもいいです。散歩をしてくれる人がいなければホテルなどに預ける方法もありますが、それほどのことをするくらいなら、お客さんとは外で会うようにするのはいかがでしょう。

②は、警戒もゼロではないと思いますが、すぐに警戒が解かれる場合もあるので、「興奮」とくくりました。「お祭り吠え」と呼んでいたこともあります。「誰か来たよ!! 来たよ！」と騒いでいる感じです。

社会化ができている子であれば、お客様とあいさつができたらやめる場合が多いですが、まだできていない場合には、数分から数十分かかることもあります。怖がりな性質の場合には、数回の訪問では慣れないこともありますが、しょっちゅう会えるようなら慣れてくることもあります。**6カ月齢までの社会化はとても大切ですので、できるだけ機会を作ってあげるようにしてください**。犬がどういう距離感を保つのか、飼い主さんは、お客さんと犬にストレスがないように見守ってやることが大切だと思います。

③の場合は、お客さんが嫌でなければ普通にふれあってもらって問題ありません。そのうち落ち着くか、しつこい場合は一度ハウスに入れて落ち着かせるのもありですが、犬が喜んでいるならかわいそうな気もします。

# Q 「お留守の間、犬の吠え声がうるさい」と苦情が。帰宅後、吠えたとき叱れば直る？

## A 帰宅後吠えたときに叱っても、お留守番中の吠えとは結びつきません

お留守番中に吠えている場合、まず吠えている理由を理解しなければなりません。不安で吠えている場合には、日頃からのつきあい方を見直す必要があるかもしれません。外で何か音がして警戒して吠えている場合もあります。誰かがドアホンを押したのかもしれません。

私が経験してきたケースだと、飼い主さんの留守中にドアホンが鳴ったとき、吠える犬もいましたが、吠えない犬もいました。

恥ずかしながら我が家の犬たちの場合、クロノスのてんかん発作が連発する事態になった関係でしばらく必ず誰かが家にいるようにしたら、10年間も留守番できていたのに、誰かが必ずいる経験をしばらくしてしまったことで、アトラスが誰もいない状態への不満を

訴え、吠えるようになってしまいました。クロノスの不安も強く、留守中カメラで観察したら、扉をガリガリひっかき続け、よだれだらけになるようになってしまいました。

改善しようと留守番の練習を1からスタートしようとしたのですが、犬たちのストレスレベルがかなり高いと判断し、今は断念して必ず誰か（人）に留守番をお願いするようにしています。

何か対処ができるとすれば、不安を感じて吠えてしまう場合、日頃から別々の時間を過ごす練習をするといいと思います。少々時間がかかることになりますが、あせっても結果は出ないので、大らかな気持ちでゆっくり練習することをおすすめします。ハウスに入れて、最初は同じ部屋ですごし、だんだん離れたところでいられるようにしていくといいです。

自らの経験もあり、留守番中の吠えの問題は、飼い主さんがその場にいて対処することができないので、改善するのはなかなか難しい問題だと感じています。場合によっては、防音などの対策を考えた方がいいと思いますが、人間側の問題はそれで解決しますが、犬の不安やストレスも考えてやらなくてはなりません。

改善が難しい場合には、プロに相談することも視野に入れておきましょう。

## Q 外出したとたんに吠えるのが聞こえた。「一度戻り、なだめてから外出」でいい？

## A 「吠えたら戻ってきてくれる」と学習してしまいます

外出したとたんに吠えていてもそのまま出かけてしまえば、「吠えても戻ってこない」と学習して、それから吠えなくなることもあります。

長く続いてしまうと苦情が入る場合もありますので、出かけるときに工夫をしましょう。

**「飼い主さんが出かけちゃう不安」よりも「食べたい！」という気持ちが強くなるような食べ物を探して気を引くようにします。**

食べ物を置いて玄関まで行き、外に出てしばらくするまでの時間を稼ぐ必要があるので、すぐに食べ終わらないように、食べものが詰め込めるおもちゃなどを使いましょう（なお、おもちゃについては、犬がおもちゃで遊んでいるときには飼い主が目を離さないように推奨しているメーカーが多いです。お留守番で使うのであれば、飼い主の責任において使う必要があります）。おもちゃがない場合には、タオルやハンカチに包むのもいいでしょう

（タオルやハンカチを食べたりしないことが条件になります）。

我が家では、ボードパズルを使っています。カプセルを外すと食べものが食べられるようになっているもので、簡単にカプセルが外せるものと、工夫して動かさないと外れないものまで、難易度がいくつかあります。愛犬の作業意欲に合わせて用意してやるといいでしょう。

私の愛犬フーラ（13歳♀）は、留守中フリーにしておいても何も作業（いたずら？）をしなかったので、出かけるときはフリーにしていました。出かけようとするとリビングと玄関を隔てるドアのところで「ピィピィ」と鳴くようになり、迷惑になるほどではないと思ったのですが、フーラの精神状態の安定を考えて、パズルにオヤツを入れてみたら喜んで食べてくれました。玄関を出てから中の様子をうかがうと、鳴いてはいませんでした。

ある日、忘れ物をして戻ったことがあったのですが、フーラは悠々とベッドの真ん中で寝ていました。

お留守番をさせる方としては、そんなふうにリラックスして待っていてくれるのはありがたいですね。

## Q お留守番中にモノを壊していたので叱ったけど、これでいい？

## A しばらくしてから叱っても、学習できません

「いい子にしててね」といった言い方をよくしますが、そもそも「いい子」とはどういう犬のことでしょう？

留守番中に破壊行動をしない子でしょうか？

犬は「破壊している」とは思っていないと私は考えています。人から見ると破壊ですが、犬は単に作業を楽しんだだけなのではと思うのです。

**飼い主さんは「うちの犬がクッションを壊した」と言いますが、犬たちはそれをクッションだとは思っていません。**

「やわらかいフワフワしたのが入っているもの」「かじって破いて中身を出したいという衝動にかられるもの」と思っているかもしれません。クッションやぬいぐるみの中の綿を出すのは、犬の遊びの定番です。

ではなぜ、留守中に楽しいことをしたかったのか。

人間の場合、「ウサを晴らす」という言葉がありますが、嫌なことがあったり、不快な思いをしたときに快感を得られることをして解消しようとすることがあります。理不尽なことで上司に怒られたら、同僚とカラオケに行くなどです。

犬も同じように、不安や不快、ストレスを感じたときに快感を得られる行動で解消しようとすることがあります。

犬たちが快感を得られる行動は、本能的にする行動であることが多いです。吠える、かじる、掘る、引っ張る、ちぎる、食べる、飲むなど。排泄も快感を伴うので、「いつもはトイレでできるのに、お留守番中はトイレではないところでしてしまうんです」という話はよく聞きます。


**ハウスの中や部屋の中が荒れていたり、いつもしないことをしたりしていた場合、お留守番中に愛犬が不安やストレスを感じたか、散歩が足りなかったなど運動不足でエネルギーがあり余っていたと考えるのがいいでしょう。お留守番の前に散歩に出かけるなど、運動させておくのもいいと思います。**

**いっぽうで、壊されたくないものは犬の届かない場所に移すなど環境を管理しましょう。**

# Q 平日の日中はずっとお留守番だから、家にいるときはできるだけかまっていい？

## A 大いにけっこうですが、メリハリも大切

**犬にとって、ひとりぼっちになることはストレスになります。留守番できる犬は多いですが、やはり飼い主さんと一緒にいられる方が幸せなのは間違いありません。**

平日の日中はほとんどお留守番という場合、可能であれば、飼い主さんとも愛犬とも相性がいい優良なナーサリー（犬を預かって遊ばせたり、散歩に連れて行ってくれたりするサービスをしているところ）に預ける日を作ったり、優良なペットシッターさんに来てもらう日を作るのもいいでしょう。

ご両親が近くに住んでいるといった場合には、見に来てもらうのもいいと思います。「甘やかすので困る」というケースも少なくありませんでしたが、犬の心をケアすることを考えたら、来ていただいた方が何倍も良いと思います。

**ただし、食べものの与えすぎで太らせる場合には要注意です。犬の健康に関わるので、**

**心配がある場合にはご両親を説得する必要があります。**

平日の在宅時は、できるだけかまってあげていいです。朝は難しいこともあるかと思いますが、できるだけ早く起きるようにして時間を作りましょう。

帰宅してからはうんとかまってあげてください。

**飼い主さんの余裕にもよると思いますが、具体的には、子犬の場合には「30分遊んでハウスに入れる」を3回くらい。成犬なら、帰宅後ハウスから出してやり、必要に応じてかまってやりましょう。**

犬は、かまって欲しければ、そばにきて前足をかけたり、吠えたりとサインを出してきます。できるだけ応えるようにしましょう。家中どこでも、飼い主さんが行くところはついて来られるようにしておくのがいいでしょう。

**ただし、ごはんをあげたあとは激しい運動はさせないようにしましょう。**

忙しい会社員で、「平日帰宅してからはあまりかまってやる時間がないので、できるだけ接していたい。だから入浴時も風呂場のドアを開けて話しかけています」という女性がいらっしゃいました。愛犬は満足して、バスマットの上に伏せているそうです。

犬を飼うとは、そういう覚悟もときには必要なことかもしれないと私は思っています

（「入浴中もドアを開けて話しかけましょう」ということではありません。念のため）。
もちろん犬たちは、その何倍も癒しをくれます。何かを多少犠牲にしてでも、負担になったとしても一緒に暮らしたい。犬とは、そんな相手だと思いませんか？

週末の在宅時もできるだけかまってあげていいと思いますが、週末はメリハリもつけておくのがいいでしょう。

**平日のお留守番が長い犬の飼い主さんからよく聞く話で「月曜日は疲れてぐったり寝ていて、水曜日あたりで破壊行動などの痕跡が見られることがある」というものがあります。**
おそらく土日にたくさん遊んでもらって疲れて、水曜日あたりで回復してくるのでしょう。土日は飼い主さんが家にいたのに月曜にはいなくなってしまうさみしさ（？）や退屈（？）から、月曜の破壊行動が一番激しいというケースもありました。

本来は、平日と週末の変化が少ない方が犬にはストレスが少ない生活といえますが、週末と平日で犬と接する時間が大きく変わる場合、「日曜にかまってあげる時間が長すぎると月曜のさみしさが増してしてしまう」ということがあるようです。
そうしたライフスタイルの場合には、**月曜のストレスをできるだけ軽くするために、週**

**末にもハウスに入ってもらう時間を作るといいでしょう。それほど長くなくていいですが、一眠りできるくらいの時間は入れておくといいです。**

飼い主さんも自分の時間を楽しんでください。

子犬の場合には、いくら週末にかまってあげられるとはいえ、起きている時間が長すぎると体調をくずす場合があります。あくまで目安ですが、**ハウスから出す時間は「1回40分くらいを体調に合わせて3〜5回くらい」にして、1回ごとにいったんハウスに戻して寝かせるようにしましょう。**

ハウスから出しているときは、子犬との関係を作る大切な時間なので、できるだけ「スマホを見ながら」など、何かをしながらではなく、100%子犬に向き合い、一緒に遊んだり、膝の上に乗せて撫でてやったり、やさしく話しかけたり、行動を見守るようにしましょう。

**日中、最低3時間以上は「続けて眠れる時間」が必要です**（月齢により長さの調整が必要です。くわしくは獣医、または経験のあるドッグトレーナーにサポートしてもらいましょう）。続けて眠れる時間を作るようにしてください。

# Q 出かけるとき「いい子でお留守番しててね」と言ってもいい？

## A いい場合も、言わない方がいい場合もあります

人間からすると、出かけるときは声をかけたいと思うのが自然だと思います。本や雑誌、ネットの情報では、「出かけるときに声をかけてはいけない」とあるようですが、そんな単純な問題ではないと私は思っています。

声をかけてはいけないという説のたとえとして、保育園にお子さんを預けるときの話がよく出されます。「いい子にしててね」と声をかけてしまうと、子供がだんだん不安を感じて泣き出してしまうので、声をかけないでさっさと置いていくのがいいというものです。

犬の場合にも、飼い主さんの不安が伝わり吠えるようになることもあります。しかし、「行ってくるね」と声をかけた方が、しばらく帰ってこないと理解して、落ち着いてお留守番できることもあります。そうした場合には声をかけた方がいいでしょう。

column 6

## もっと喜ぶオヤツがあるかも？

オヤツとは「ごはん以外の、犬にあげる食べ物」です。

市販のものもたくさんありますが、添加物が入っているものもありますので、気になる場合には表示に注意して選ぶようにしましょう。「○カ月以下の子犬には与えないで」という表示があるものもあるので、気をつけましょう。

ごはんにプラスアルファであげるものになるので、そのぶんカロリーは増えます。

ですので、太らせないように注意が必要です。

肥満は犬の健康に害を及ぼすことがあります。太らせすぎてしまうと、心臓や関節への負担になるし、病気になったときに必要な治療や手術が困難になってしまう場合もあります。

レッスンでご自宅にうかがったとき、「うちの子はオヤツにあまり興味がありません」とおっしゃる飼い主さんがいます。

普段どんなものをあげているか見せてもらうと、ボーロ、ビスケットなど、粉物でできているものしかあげていなかったり、ビーフジャーキー、ササミ

ジャーキーなど乾燥させたものばかりだったりすることがあります。

オヤツに興味がないとレッスンがやりにくくなりますので、できれば愛犬が「食べたい!」と思ってくれるものを見つけておきたいものです。

あげるものは何でも喜んで食べてくれる犬でも、「これが一番好き!」「これは普通」といった順位は必ずあります。オヤツにはいろんなものがありますが、愛犬が一番喜ぶものを飼い主さんは知っておくようにしたいところです。少々手間はかかっても、がんばって探しましょう。

レッスンに、新鮮なササミや牛肉をゆでたり焼いたりして持って行くと、犬たちの表情が変わることがあります。

レバーやチーズなども好きな犬は多いです。できるだけ添加物の少ないものを選びましょう。

手作りオヤツは添加物も入っていなく安心です。

我が家ではフードドライヤーでササミやレバー、鮭やマグロ、キビナゴなどをドライしてジャーキーにしたものを、とても喜んで食べます(フードドライヤーは5000円くらいで十分使えるものがあります)。

喜ぶからといっても、与えすぎには注意しましょう。

Part 6

# やってはいけない愛犬のしつけ

## 飛びつき

## Q ドッグランでよその犬に飛びついちゃう。「やめなさい！」と叱るだけじゃダメ？

### A 叱ってやめるならかまいませんが、「呼び戻し」がしっかりできるようにしてからドッグランに連れて行きましょう

ドッグランで追いかけ回されて以来、他の犬が苦手になったとか、他の犬に吠えるようになってしまったというケースは少なくありません。楽しめると思って連れて行ったドッグランで、逆に嫌な経験をさせトラウマにしてしまうことがありますので、注意が必要です。

ドッグランは基本的にはリードを外しますが、それは犬たちに「自由にしていいよ」「解放してあげるよ」というメッセージでもあります。

**リードを外すことに対して飼い主さんは責任を持つべきです**（事故が起きる可能性はゼロではないことを覚悟しておく必要があることを忠告させていただきます。実際にさまざまな事故が起きていることは事実なのです）。

ドッグランで犬たちは自由に行動していいはずなのですが、他の犬に飛びつくので困るとか、飛びつかれるのが嫌だという飼い主さんもいらっしゃいます。犬が悪いわけではないと思いますが、困るなら呼び戻しのトレーニング（8ページ参照）をしっかりしてからドッグランを利用するようにしましょう。教える自信がない場合にはプロのサポートを受けるといいです。

愛犬が追いかけられて嫌がっているなら、呼び戻して助けてやりましょう。追いかけてしまって迷惑をかけている場合は、呼び戻して迷惑をかけないようにしましょう。どこからが迷惑かは、ドッグランに来ている飼い主さんにもよりますので、それも見極める必要があるかと思います。

私は基本的にはドッグランにあまり行かないのですが、愛犬の誕生会を兼ねて代々木公園にあるドッグランに行ったことがあります。小型犬のスペースで遊んでいたのですが、隣の大型犬のスペースで犬同士がうなりあっていて、一触即発?!という場面に出くわしてしまいました。飼い主さんは大声で叱りながら犬に近づいていき、結果的には犬の首輪をつかむことができましたが、もし間に合わなかったらと思うとゾッとします。そうした危険があることも理解したうえで、上手にドッグランを利用したいものです。

## Q ドッグランでよその犬や飼い主さんにマウンティングしたら「オイデ」で呼び戻してオヤツをあげればいい？

**A この方法だと、「よその犬や飼い主さんにマウンティングをすれば『オイデ』と言ってもらえてオヤツがもらえる」と学習する可能性があります**

マウンティングとは、前足で相手の体の一部を押さえ込み、自分の体を覆いかぶせるという行動です。必ずしも悪いことではありませんが、ドッグランに来ている飼い主さんたちの雰囲気などにもよります。愛犬が犬や人にマウンティングをしても大らかな人たちもいれば、過剰に反応する人もいて、さまざまです。

マウンティングされても大らかな人たちの場合には、「やめなさい！」と声をかけても「いいですよ」と言ってくれる人もいるでしょう。「犬だから」と、犬を犬として受け入れてくれる空気感があるなら、「すみません」と謝れば収まることもあります。

しかし神経質に嫌がる、たとえばオスがしつこくメスを追うというようなことがあると、メスの飼い主さんは嫌がることが多いでしょう。

気持ちは理解できます。私も経験したことがあります。

我が家で生まれたメスの飼い主さんになってくれた友人とドッグランに出かけたときのこと。去勢していないオスがその子にずっとつきまとい、嫌がってちっとも楽しめなかったことがありました。そのオスの飼い主さんは、一応走って来て引き離してくれるのですが、すぐにまた追い回し始めます。私たちはあまり楽しめない感じになり、結局ドッグランを出ることにしました。

ドッグランは犬たちが自由になれる場所なので、誰が悪いわけではありませんが、ただ楽しいだけの場所ではないのだなぁと、あらためて考えさせられます。

自分の犬をドッグランに放し、ベンチでずっと携帯電話をいじっている人もいました。愛犬がどんなことをしているか、どんな目にあっているのか、心配にならないのでしょうか。


**何かあったら一生後悔することになると思いますので、ドッグランに連れていく場合には、走りやすいシューズを履いて、愛犬から絶対に目を離さないようにしましょう。**

## Q 散歩中、リードを長くしているのでよその犬に飛びついてしまう。どうすればいい？

**A よその犬に飛びついてしまうなら、リードでしっかりとコントロールすべきです**

他の犬に飛びつく場合、理由は2つあります。

### ①犬と遊びたくて飛びついてしまう場合

まだ若い犬に多いですが、犬と遊ぶのが好きな場合、遊びに誘っているつもりで飛びつくことがあります。

相手も遊べれば問題ないのですが、犬によっては遊べない犬も誘うことがあるようです。遊びたくない犬とあまり接してこなかったのかもしれません。

お互いリードがついて拘束されているときは、自由に逃げられない状態のためナーバスになることがありますので、遊びたいとはいえ注意深く見守る必要があります。

## ②怖くて飛びついてしまう場合

相手を威嚇するように吠えながら、飛びかかりそうな勢いで近づくことがあります。リードがついている場合には自由に逃げられないこともあり、ナーバスな状態になっているので、激しいケンカになりケガをしてしまうこともあります。引き離すか、最初から近づけないようにすべきです。

いずれにせよ、飛びつかせたら困ることが多いと思います。飼い主さんも犬も、よく知っている同士でなければ、飛びつかせずにすれ違うようにした方がいいでしょう。道を上手に利用して、会わないように避けるか、どうしてもすれ違わなければならない場合は、オヤツ（犬の気を引けるもの）で気をそらして、明るく楽しく走り抜け、落ち着ける距離をあけられたら、座らせてオヤツをあげるようにしましょう。

**飼い主さんの緊張、不安な様子は犬に伝わります。愛犬の不安をやわらげるためにも、飼い主さんはできるだけ堂々としていることが望ましいです。罪悪感を持つ必要はありませんので、できるだけ「明るく」対処するように心がけてみてください。**

## Q 飛びつきは「大好き」の表れだから、相手が犬嫌いの人でなければ、させていいのでは？

### A 犬種によっては、相手に危険がないように見極める必要があります

相手が犬嫌いでなくても、飛びついたら転ばせてしまう可能性がある場合には、避けなければなりません。特に大型〜中型犬は、飛びつかれた相手が転んでしまうこともあります。

外での犬との接触で人間にケガをさせてしまうと、場合によっては安楽死を要求されてしまう可能性があります。裁判では犬側にほとんど勝ち目はないそうです。

動物取扱業の責任者になると毎年研修を受けるのですが、その研修で弁護士さんが裁判の事例を紹介してくださったことがあります。レトリーバーが公園でボール投げをしていたところ、近くをお年寄りが通りかかり、ぶつかったわけではないのに近くを犬が駆け抜けたところ転んでしまい、打ち所が悪く損害賠償で4000万円以上の慰謝料を請求され

たケースがあったそうです。
道路で犬が吠えて、反対側にいたお婆さんが驚いて転んで骨折し、やはり高額な損害賠償を求められたというケースもありました。ちょっと驚いてしまいますが、今の日本の法律では犬は物扱いですし、裁判ではそういった前例があることも知っておいた方が良さそうです。こういった事態になったら取り返しがつきません。

**飛びつきに関しては最大限の注意を払う必要があります。危険な場面は絶対に避けなければなりません。特に犬が大きい場合、飛びつく可能性がある場合には、知らない相手には絶対に近寄らない方がいいと思います。**

我が家の犬たちは、今まで人に飛びついてかんだり、ケガをさせたことはありませんが、だからといってこれからもないという保証はありません。過信して事故を起こさせるのは避けなければなりませんので、知らない人には基本的には近づけないように心がけています。それが愛犬を守ることになります。

「どうしても触りたい」と求められた場合には、前足をかけたり、飛びついたり、汚したり、うなったり、吠えたり、歯を当てたりすることがあるかもしれないことを説明し、それでもよいなら撫でてもらうかもしれませんが、できれば避けたいと思っています。

## Q 来客にすごい勢いで飛びついてしまう…力ずくで離れさせるしかない？

### A 飛びついて困る場合には、ハウスに入れておくかリードをつけるなど、飛びつけないように管理しましょう

まず、この本を手にとってくださった方にお願いしたいのが、「犬が人に飛びつくのは、その人をバカにしているからだ」という説を鵜呑みにしないで欲しいということです。

16年間で2100頭以上の犬たちを見てきて、お宅で飛びつかれたことも多いのですが、どれも歓迎の飛びつきで、好意的だったことしか思い出せないのです。大型犬も小型犬も飛びついてきて、私はうれしいので応えると、どんどんエスカレートしていきます。

飛びつかれた時点で私は、その犬がどのくらい人なつこいのかを一瞬で見抜けるようになりました（そのあとのふれあいで確信します）。バカにしているどころか、初対面なのにただちに友だちとして受け入れてくれるのは、本当にうれしいことです。

一度だけ、貴重な体験をしたことがあります。レッスンにうかがい、お宅の中に入ると、

リードがついていない中型犬くらいの雑種（日本犬）が、両耳をピンと立て、尾を高々と上げてこちらをにらんでうなっていました。飼い主さんも危険な場面だと理解して「先生、一度家から出てください」とおっしゃいましたが、私は本能的に（？）動いたら飛びかかってくると察知しました。

そこで隣の部屋にジャーキーをばらまいてもらうようお願いし、そちらへ移動したスキにお宅を飛び出し、事なきを得ました。

犬の様子をうかがわずにズカズカ家に入るのではなく、玄関から静かに室内へ入った場合、飛びついてあいさつしてくれる犬の方が危険がない――私が現場で学んだことです。

彼らはバカにしているどころか、犬の流儀で顔や口にあいさつがしたいのです。飛びつきを受け入れてやると、ほとんどの犬は口のにおいをかいで私の呼気を確かめ、なめてあいさつをしてくれます。

犬を飼っている家に、飛びついては困る人（たとえば高齢のご両親、赤ちゃん連れの人、犬嫌いの友だちなど）が来ることもあるようですが、飛びついたら困るなら、犬はハウスに入れておくか、他の部屋に入れておくといいと思います（犬が人好きの場合には、かわいそうなので私にはできそうにありません）。

## Q マウンティングは人を見下している証拠なので、叩いてやめさせてもいい？

### A 見下しているのではありません。絶対に犬を叩いてはいけません。叩いていい動物はいません

マウンティングとは何でしょう？

具体的な行動は、前足で相手の体を押さえ、自分の体を乗せることです。ここまでがマウンティングです。

そこから腰を振るのはペルヴィックスラストと呼ばれます。交尾するときにする行動ですが、3〜4カ月の子犬がすることもあり、その場合には性的な意味はありません。オス同士でやることもありますが、同性愛ということではなく、単に遊んでいるだけです。我が家の犬たちもオス同士でやっています。相撲を取っているような感じに見えます。

特に叱ったことはないのですが、どの犬も私にやることはありません。

以前、預かっていたボストンテリアが私にやろうとしたことがあり、私は嫌なのでうなって（低い声で「ヴー」と言う）怒ったらやらなくなりました。遊びに来た友人は嫌がらなかったので、されていました。別に嫌ではないらしいので好きにしてもらいました。もちろん、だからといってその犬が友人を見下しているわけではなく、大好きだったようで、我が家にいる間はずっとそばにいました。

メスがオスにやることもあります。性的行為と理解すると、逆でしょ?!と思ってしまいますが、そういう意味はなく、私たちが日常で見るマウンティングのほとんどは遊びの延長だと感じます。

飼い主さんが女性の場合、生理のときオスがしつこくマウンティングしようとしてきたという話をよく聞きますが、おそらく性的刺激によるものと考えられます。

それとは別に、オスが男性の飼い主さんにすることもあります。

**つまり一口にマウンティングといっても、それほどバラエティがあると考えることができるのではないでしょうか。犬たちはそんなに深い意味を込めてやっているようには見えないというのが、私の意見です。**

column 7

# 動物病院を選ぶポイントと去勢・避妊について

私自身、動物病院では大変苦労してきました。今までに14の病院にお世話になりました。

お客様のところで動物病院の話を聞くことがあるのですが、すばらしい病院もありますが、中には疑問に思うところもたくさんあります。

病院の対応や、獣医師が言っていることに少しでも違和感を感じたら、自分で勉強したり、他の獣医師にセカンドオピニオンを聞いたりすることをおすすめします。

今までの経験から、個人的には西洋医療（現代医療）と東洋医療（自然療法）をバランスよく取り入れられるといいのではと思っています。

獣医師と飼い主の相性も大切だと思います。

具体的には、「ワクチンは毎年打たなければダメだ」と言う獣医さんがいたら、WASAVA（世界小動物獣医師会）のワクチネーションガイドラインをご存じか、聞いてみてください。過剰なワクチン投与は愛犬の体に負担をかけてしまいます（204ページ参照）。

薬をたくさん出したがる獣医さんも要注意です。特に西洋薬は副作用があり体に負担をかけるのは、人も動物も同じことです。

シニア犬にいろいろな治療や手術をしたがる獣医師にも、私は違和感を感じます。

ただ、飼い主さんが心配すればするほど、獣医師はよかれと思って治療や手術をすすめることもあると思います。

特にシニア犬の場合、飼い主としてどこまでやるか、どうしてやりたいか、よく考えておくことが必要です。


　獣医師によって、動物との向き合い方にも差があるようです。

　かむ犬の診察は誰だってできればしたくないものだろうと思いますが、かむ犬でも診てくれたり、オヤツを上手に使ったりしてかまれないようにしながら診察できる獣医師もいます。

　かむ犬の飼い主さんの中には不安を抱えている方もいると思いますが、受け入れてくれる獣医師もいますので、あきらめずに探しましょう。


「動物病院で去勢・避妊をすすめられました。できればさせたくないんです。どう考えればいいんでしょう？」と聞かれることも多いです。

　私は個人的には、去勢・避妊をおすすめしています。

　まず、オスの去勢については、一番のメリットは性的ストレスを軽減できるということです。

犬はメスの発情によってオスの発情がうながされます。

　メスが発情しているとき、その犬の飼い主は他の犬たちが散歩している時間帯を避けて散歩するというマナーが求められています。

　しかし、そのくらいでは去勢していないオスへの影響は回避できません。

隣の町でメスが発情していたら、そのにおいが風に乗って何㎞も離れているところにいるオスをお刺激すると言われています。それくらい犬の嗅覚、とくに発情したメスのにおいには去勢していないオスは敏感です。

去勢していないオスを飼っていた友人の家にうちの犬たちを連れて遊びに行ったことがあります。

友人の犬は、漂ってきたメスのにおいをかいでしまったのか、去勢しているコタロー（♂）を「ヒィヒィ」と声を出して追いかけ、マウンティングしようとしてしまいました。

どんなに引き離しても、しばらくしつこく追いかけ回していました。尋常じゃないその姿は、見ていて気の毒に思うほどでした。

我が家のフーラ（13歳♀）は、プロの指導のもとで繁殖するために迎えたので、避妊はしていませんでした。

ヒート（発情期）が来たとき、去勢しているオスたちに影響が出てしまいました。

フーラは交尾をしようと誘い、去勢オスであるコタローもそれに従いフーラにマウンティングをするのですが思いは果たせるわけはなく…しまいには群れ（5頭）に興奮が伝わり、フーラの上に乗るコタローの上にアクセル（16歳♂）が乗る?!などというとんでもないことになりました。

性的ストレスの大きさを感じ、犬たちに対しても不憫に思えて、出産後、フーラの避妊を決断しました。

Part 7

# やってはいけない愛犬のしつけ

## 散歩

## Q 犬がとにかく引っ張るので、グイグイ引き戻している。「リーダーウォーク」はどうしつければいい？

### A 引き戻しても、「人と犬とが心地よく歩くための歩き方」は犬に教えられません

**「リーダーウォーク」は必要ありません。大切なのは「一緒に歩くこと」です。**

犬はなぜ引っ張るのでしょう？

正解は「ひも（リード）をつけるからです」（笑）。

もちろん、環境によっては危険を回避するためにひもをつける必要があります。私たちは犬にひもをつけて歩くことに違和感を感じなくなっていますが、動物からしてみればとても不自然で不快なことだと思います。自分にひもがつけられたらとても不快ですし、ひもの先を持っている人によっては不安、恐怖を感じるでしょう。

「ひもをつけなければ危険な環境で、犬を飼いたい」という自分のエゴも十分承知したうえで、「ひもをつけて一緒に歩くこと」について考えてみたいと思います。

「犬が飼い主さんを引っ張って前に行きたがるのは、自分がリーダーで、飼い主は下だ」と思っているからだという説があります。十数年前、私が参加したイギリスのドッグトレーナーが講師を務める勉強会で、「犬たちはなぜ散歩で引っ張るのか」という質問が投げかけられました。戸惑う私たちに講師は「ただ前に行きたいだけよ」とにっこり笑って言いました。そのころの日本では、まだまだ「飼い主さんは愛犬のリーダーになるべき」という考え方が主流でしたのでとても驚いたのですが、そのあとで、まったくその通りだと笑ってしまいました。

今では、引っ張る犬たちを見ても、彼女の「ただ前に行きたいだけ」という考えに同感です。犬たちもまた、私たちが引っ張り返していることを十分感じていて、引っ張られていることによってつながりを感じ、安心感さえ抱いているのではないかと思えます。

また、飼い主さんが引っ張る力を利用して上半身を上げて2本足（後ろ足）で歩く姿を見ると、2人で協力して楽しい歩き方をしているようにも見えてしまいます。

**散歩のトレーニングで私が大切にしているのは、犬がどれほど前に出てしまうかではなく、「お互いの存在を気にしながら、人と犬が一緒に歩けているかどうか」です。迷惑をかけず、危険でないなら、愛犬の位置はそれほど問題ではないと考えています。**

# Q 他の犬を怖がって引っ張るので、リードで逃げないようにしているけど、問題ない？

## A 引っ張って逃げようとするほど怖いなら、避けてあげましょう

成犬が他の犬を怖がる場合、過去に何か怖くて嫌な経験をしたか、幼犬のころの社会化（他の犬や人、物などとのふれあい方を学ばせること）が不足してしまったなどの理由があります。

オオカミの群れは、他の群れと縄張りを共有することはありません。縄張りは、生きていくために必要な獲物の量に関係するので、他の群れと接触するととても深刻な問題になるのです（なのでそもそも理論的には、他の群れのオオカミとは遊ぶ機会がないと思われます）。しかし犬は相手が群れ（家族）のメンバーでなくても「お友だち」になって遊べる、オオカミと比べると不思議な（？）動物になりました。

初対面で誰とでも遊べる犬もいますが、そうでない犬もいます。良い悪いはありません。

**これまでのレッスンでお客様から聞いた話を総合すると、散歩で会って遊べる、あるいは怖がらない相手は、6カ月齢になるまでに会ったことがある犬であることが多いようです。**

子犬が他の犬を怖がる場合、生まれつきの気質や、生まれてから親きょうだいや他の犬たちとふれあうことができたかなどが影響しています。

ペットショップから迎えた子犬の場合、親きょうだいから早い時期に離されてしまってふれあう機会が少なかったり、ガラスケースに入れられてふれあうことを学ぶ機会を与えられなかったりすると、社交性が低く、他の犬とふれあえないこともあります(ペットショップから迎えたすべての子犬がそうなるわけではありません)。

子犬のしつけ教室などに通わせて社会化しても、やはり他の犬が苦手な子はいます。そういう場合は無理に近づいたり、すれ違ったりする必要はありません。他の道を選んだり、Uターンしてもいいのです。

**ここそこする必要はありません。逃げるわけではないので、笑顔でストレス回避し、ハッピーにUターンするのは、飼い主さんも犬も楽しいのではないでしょうか。**

## Q 束縛したくないから、リードはなるべく長く持ちたいんだけど、OK？

### A 環境に合わせて、迷惑や危険に配慮し、リードの長さを調整しましょう

リードの長さをどのくらいにしたらいいかは、環境に強く影響されます。ただそれも、リードがついた状態で愛犬が飼い主さんと一緒にちゃんと歩けるようにトレーニングされていることが前提になります。

他人に迷惑をかけず、危険でないように歩けるようになっていない場合には、リードを長くしてあげることはできません。リードが長いと、犬の動きをコントロールしづらくなり、迷惑をかけたり、危険を回避できなかったということになりかねません。

リードのコントロール自由度を「0〜10」で表してみました。飼い主さんの足元からの距離は、犬の大きさ、年齢、力に加えて、飼い主さんの体力、年齢、力など対処能力によって異なりますが、参考までにだいたいの目安を記しました（「リードの長さ」ではありませんのでご注意を）。

**人も車も多い街中の道：自由度0（目安：飼い主さんの足元から10㎝くらい）**

リードはしっかり短く持って、自分からあまり離れないようにして歩く。

**人も車もあまり通らない道：自由度2（目安：同じく50㎝くらい）**

十分気をつけて、少しだけ長めでも大丈夫ですがすぐにコントロールできる長さです。

**自転車、車は入れない遊歩道：自由度5（目安：同じく80㎝くらい）**

他の人や犬に十分配慮して、さらに少し長めにしても大丈夫ですが、常にコントロールできることが前提です。

**公園：自由度8（目安：同じく200㎝くらい）**

さらに長めでも大丈夫ですが、迷惑をかけないよう、危険がないように細心の注意が必要です。長くなる分リードでのコントロール力が下がるので、呼び戻しも確実にできるようにしておく必要があります。

**ドッグラン：自由度10（リードは外してあげましょう）**

ドッグランではリードから解放して自由に走らせてあげましょう。自由度は10ですが、確実に呼び戻しができることがリードを外す条件です。愛犬を守るため、事故が起きないよう、愛犬から目を離さずしっかりと見守るのは飼い主さんの義務です。

## Q まっすぐ歩かず、あちこちチョロチョロしたがる。やめさせる方がいい？

**A あちこちチョロチョロ歩くのは自然なことですが、危ないこともあるので、一緒に安全に歩くことを教える必要があります**

これは、歩かせる場所にもよります。

人通りの多い道を歩くときは、できるだけ飼い主さんの横から離れないように歩かせないと、迷惑をかけたり危険なこともあります。

ただ、遊歩道など、あまり人のいない道では少しは自由にさせてやりたいというのが、親心ならぬ〝飼い主さん心〟ではないでしょうか。

犬はにおいをかぐ動物で、その嗅覚は人間の想像を超える能力があります。犬たちは外でかげるにおいを楽しんでいるのです。

なので、できるだけかがせてやりたいのですが、かぐだけならいいものの、鼻先を地面に下げることを許すと拾い食いをすることがあります。

犬にとって、拾い食いはある意味自然な行動ですが、散歩する道に食べて欲しいものは落ちていません。むしろ食べて欲しくないものばかりです。

そうなると、「においをかぐのはいいけど、拾い食いはして欲しくない」という少々難しいお願いをすることになります。

**拾い食いは、ともすると愛犬を命の危険にさらすことにもなります。**

それほど頻繁だとは思いませんが、ネット情報で、愛犬が毒を仕込んだものを食べてしまって亡くなったという話をたまに見かけます。

「郊外の公園で毒入り団子がまかれたらしい」といった話を、これまで数回聞いたことがあります。神経質になりすぎるのは良くありませんが、愛犬の命を守るために気をつけなければならないことも事実です。

**拾い食いをさせないためには、頭を上げて歩くことを教える必要があります。**

リードで犬の頭をコントロールするようにして歩くのですが、一般の飼い主さんが本や雑誌、ネットの情報だけでマスターするのは難しいと思いますので、プロにサポートをお願いするといいでしょう。

## Q 散歩は、愛犬が帰ろうとするまでする方がいい？

### A つきあえるなら、そうしましょう

ただし、愛犬が関節を痛めているとか、心臓に負担をかけてはいけないといった肉体的な問題がない場合に限ります。

飼い主さんに時間と心の余裕があり、お互いに健康上の問題がなく犬も楽しそうにしているなら、帰ろうとするまでしても問題ありません。

**子犬の場合には、自分の体力以上に運動してしまい、体調を崩すこともあるので注意が必要です。**

どういうサインが見えたら要注意かは、一概にこれと言うのはなかなか難しいのですが、私の場合は、いつもの散歩時間を基準にして、その子の体力、その日の体調などで判断し

ています。

散歩をすると脳内にアドレナリンが分泌されるので、家に帰ってもそれが残っていて、体は疲れているのに走り回る犬もいるようです。体力を消耗しすぎると体調を崩してしまいますので、長時間続くようならハウスに入れて落ち着かせるといいでしょう。

成犬の場合も、犬種や体の大きさによって運動量が異なるので、愛犬にどのくらいの運動が必要か見極めてやる必要があります。

**一番いいのは、同じ犬種で同じくらいの体格、できれば愛犬と年が近い犬を飼っている人に意見を聞いてみることです。確かな情報が得られると思います。**

**犬が行きたがるならできるだけ連れて行ってあげたい散歩ですが、飼い主さんの負担になりすぎると楽しい気分で歩けなくなります。これは非常に良くありません。**

飼い主さんの都合や体力も考えたうえで、愛犬と相談して決めるといいと思います。

「犬と話し合って、散歩のコースや時間を決めるといい」と言ったら、ある飼い主さんが

「相談しても断固として『まだお家に帰る方の道には行きたくない!!』って言われることの方が多い」とおっしゃっていました（笑）。その方のお宅は札幌の郊外の静かな住宅街で、大きな公園などがあり、散歩するには気持ちのいい環境なのだそうです。

何事にもマニュアルはありますが、ある程度までは参考になっても、あるところからは当てはまらなくなることがあると思います。

**上達してきたら愛犬に合わせてカスタマイズできるようになる――愛犬とのつきあいにも、そんなことが大事と言えるのではと思っています。**

大切なのは愛犬の声を聴くことです。

「私は技術的な調教は拒否します。技術がなんですか！　子育てに技術がいりますか？　魂と魂でぶつかっていかなきゃ」とは、私が大好きなムツゴロウさんの言葉です（『犬はどこから…そしてここへ』畑正憲・著）。

## Q トイレがすむとすぐ帰りたがり、運動や社会化トレーニングにならない。無理やり引っ張ってもいい？

### A 無理やり引っ張るのは、かわいそうなのでやめましょう

子犬の場合には、最初は散歩に慣れないので、安心してすごせる家に帰りたがることもあります。個体の性質にもよりますが、だんだん慣れていくはずですので、できるだけ怖い思いをさせないよう注意しましょう。

慣れて欲しい刺激に対しては、小さな刺激から少しずつ大きな刺激を経験できるよう、上手に管理しながら歩くようにする必要があります。

子犬を励ましながら自信をつけてやるように、怖がったら「大丈夫だよ」と声をかけたり、軽く撫でてやったりしながら、少しずつ歩いてもらえるようにしましょう。

「そうすると、わざと怖がるようになる」という説があるようですが、わざと怖がることなどできるでしょうか？

冷静に考えたら、おかしなことだと気づくはずです。

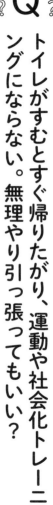

子犬は初めて見たり、触れたりするものを怖がることがあります。もちろん、怖がらない子犬もいますが、母犬のお腹の中にいたときの環境や、生まれてからの経験によって個体差が生まれるようです。

**とにかく子犬は何を怖がるかわかりません。人間には何でもないものでも怖がる場合があります。動く人、自転車、バイク、自動車はもちろんのこと、家の中で見たことないものすべてを怖がる可能性があります。**

私が経験したものでは、バイクや車を覆っているシートが風で音を立ててなびいたとき、跳び上がって怖がった犬が何頭かいました。サングラスをかけた人や帽子をかぶった人、つえをついている方や、足が不自由な人の歩き方、飛び跳ねるような子供の歩き方、サンダルを引きずって歩く人を怖がった犬もいました。車椅子なども怖がります。

**気をつけなくてはならないのは、飼い主さんが怖さや、違和感を感じたものにも反応することがあることです。**

レッスンで、「大型犬を怖がる飼い主さんの愛犬が、大型犬を怖がる」という相談があったのですが、私が散歩したら怖がらなかったということがありました。私は大型犬を怖いとは思わないので、飼い主さんの気持ちが伝わってしまっていたのかもしれません。

怖くて動けない場合は、大丈夫そうな距離まで離れてからしゃがみ、手を叩いたりして呼び込んでみましょう。勇気を出して子犬が歩いてこられたら、よくほめます。そこで抱き上げることはしないで、また同じことを何度か続けてみましょう。

子犬の様子で、そのまま歩き続けられそうであれば続けて、ストレスがかかりすぎていると感じたら、抱き上げて連れて帰りましょう。

最初からぜんぜん歩かずに帰りたがる場合は、ある程度のところまで抱いて連れて行き、地面に下ろして、帰り道で歩く練習をするのもいいでしょう。そのうちだんだん慣れて、普通に歩けるようになると思います。

飼い主さんにとっては「怖いものなんかないのに」と思うかもしれませんが、子犬が怖がっているなら怖いのです。人間も同じだと思いますが、恐怖は他人がコントロールできるものではありません。子犬が怖いと感じなくなるようにサポートしながら、気長につきあう覚悟が必要です。

お散歩のトレーニングは、ただ歩けばいいというものではなく、それなりにやり方やコツがあります。不安な場合には、ヘンなくせをつけてしまう前にプロのサポートをお願いした方が、いいトレーニングになると思います。

# Q 散歩を嫌がっているようだけど、トイレさせたいので連れ出している。問題ない？

## A 本来、犬にとって散歩は楽しめるはずのものなので、できるだけ連れて行きましょう

子犬ならまだ慣れていないだけ、成犬の場合は過去にトラウマになるようなことがあったりする場合があります。

心当たりがなくても、飼い主さんが気づけていないだけで、犬にとって散歩するのが怖くなることが起きていたりすることがあるようです。

**犬が座り込んで動かないと「散歩を嫌がっている」と思う飼い主さんがいますが、散歩を嫌がっているのではなく、「そっちへ行きたくない」と言っている場合もあります。ドッグランなどで自由に走り回ることを経験したことがある子の場合は、「リードが嫌だ、外してほしい」というケースもあるようです。**

レッスンでは、自由に歩かせしまってから、いざ一緒に歩くお散歩の練習を始めると抵抗を示すというケースがよくあります。この場合はこちらも譲らず、「こうふうに歩きたい」という主張を、犬が諦めるまで続ければいいのです。

**頑固に座り込む犬に対しては、引っ張って無理やり歩かせようとするのが一番よくありません。**声をかけたりして気分を盛り上げ、歩く気にさせるのがいいです。あるいは、時間に余裕があるときは気長に座り込みにつきあうのもいいでしょう。

**オヤツを使ってしまうと、オヤツが欲しくて座り込むようになるので要注意です。**どうしても時間がないときには、抱き上げられる犬種なら抱き上げて家に戻りましょう。抱き上げられない犬種の場合には、時間の余裕がないときは散歩に行かないようにしなくてはならないかと思います。

犬が座り込むなどの行動をすると、「飼い主をバカにしているからだ」と言う人がいますが、犬はただ自分の主張が通ると思っているだけです。通らないと思ったら諦めて歩き出します。

人間の都合でひもをつけて街中を歩くわけですから、散歩に関してはこちらの主張を通さなくてはなりません。飼い主さんにもそれなりの覚悟が必要です。相手は犬としての生を生きているのですから、すべてが人間の思い通りになるとは限りません。


暑い季節は、道路の温度が高くなっている場合があり、肉球をやけどさせてしまうこともあるので注意が必要です。**特にマンホールなど鉄の上は非常に熱くなっている場合があるので、上を歩かせないよう気をつけましょう。**

寒い季節は、室内と外の温度差が大きい場合、毛が生えているとはいえ寒がることもあるようです。

子犬や老犬の場合には、散歩に出るときは服を着せて、体が温まったり気温が上がってきたら脱がせてやるなど工夫するといいでしょう。

Part 8

# やってはいけない愛犬のしつけ

## 社会化

## Q ドッグカフェでじっとしていられない…どうしつければいい?

### A ドッグカフェでじっとしていなければならないのは、犬がかわいそうです

「じっとしていなくていいですよ」というカフェもあるようですが、事故が起きないように注意は必要です。

私はあまりドッグカフェに行きません。犬たちを連れていると、快適に過ごせているかなとか(たいていはそうではありません)、できるだけ周りに迷惑をかけないよう配慮しようとか考えていると、おちおち食事なんかしていられなくなるからです。外食するときは、できれば自分の食事やおしゃべりに集中したいと思っています。

ドッグカフェで起きていることを冷静に考えてみましょう。犬たちは多くの場合、飼い主さんが食事を楽しんでいる間、テーブルの下で待たされています。

**犬用のメニューがある場合は食べることができますが、彼らの食事はほとんど一瞬で終わります。でも飼い主さんは食べ続けます。おしゃべりしている場合には、長時間にわた**

**ることも珍しくありません。**

犬たちが寝ることができるならそれほど負担は大きくないと思いたいですが、カフェに連れてこられてすごくハッピーな犬の姿は、あまり見たことがありません（あまり行かないので見たことないだけかもしれませんが）。

ドッグカフェでじっとしていられるトレーニングをして連れて行くことができるようになったら、犬たちは幸せでしょうか？　私にはそうは思えないのです。

犬を連れていて、どうしても食事をしなくてはならないときはドッグカフェを利用することもあります。あるとき訪れたドッグカフェで、テーブルに案内されて席につこうとしたら、隣の席に座っていた方の犬が吠えかかってきました。不意だったので少々ビックリしましたが、怖くて吠えたようなので、「この子はどれほど緊張して飼い主さんの膝の上にいるのだろう？」と気になりました。

**犬たちはカフェに連れてこられて、じっとしていることを要求され、店員の動きや他の客、彼らが連れている犬に反応しないことを求められます。**

上手に楽しめている飼い主さんとご愛犬もたくさんいると思うのですが、なんとも窮屈な気がして、私はどうもドッグカフェを楽しめないのです。

## Q 3回目のワクチンを待ってると生後4カ月まで散歩できない。社会化できないのでは？

## A おっしゃる通りです。社会化に関して、ドッグトレーナーと獣医師の意見が対立するところです

数年前に参加したドッグトレーナーの勉強会で、イギリスでは「ワクチンを1回しか打っていなくても、部屋を消毒してパピー教室をやるべきだ」という意見も出ていると聞きました。

イギリスでドッグトレーニングを学んで帰国した知人のドッグトレーナーが、街で散歩している犬たちの様子を見て、「どうして日本にはこんなにチンピラみたいな犬が多いんですか?!」と驚いていました。

社会化ができておらず、すれ違うときに吠えかかってくる犬がイギリスより多いと感じたそうです。

**日本の犬たちの社会化の遅れは、かなり深刻なのかもしれません。**「犬同士なのに犬が苦手」というさみしい現状は改善して欲しいと願うばかりです。

ワクチンに関しても、日本の事情に疑問を感じることがあります。今までは、混合ワクチンは年に1回必要だと言われてきました。

しかし、世界動物獣医師会（WSAVA）のワクチネーションガイドライン（2015年更新）には、こう書いてあります。

「**ワクチンは不必要に接種すべきではない。コアワクチンは、子犬および子猫の初年度接種が完了し、6カ月または12カ月齢で追加接種（ブースター）を終えたら、3年毎よりも短い間隔で接種すべきではない。なぜなら、免疫持続期間は何年にもわたり、最長では終生持続することもあるためである**」

今までの年に1回の接種は、犬たちの体に負担になっていたのではないでしょうか？

ネット上で誰でも読めるようになっていますので、ぜひ一度読んでみてください。

## Q アイコンタクトができない。ちゃんと教える方がいい？

## A 教えなくても、いい関係ができればちゃんと見つめ合えます

愛犬と見つめ合うのに「アイコンタクト」という単語を使うことが、しっくりきません。「見つめ合う」と「アイコンタクト」ではニュアンスが違うように感じます。心がつながっていればいるほど、「しつけ」と称して練習なんかしなくても目はちゃんと合います。**しかも、しつけではなく自分の意思で見てくれるので、なんで見てくれているのかを考えるのは飼い主さんとして楽しいことです。**迎えた犬が見てくれないのなら、どうしてなのかわかってやるよう努力するのがいいと思います。

人間も、人の目をよく見る人とそうでない人はいます。見る人が良くて見ない人が悪いなどということはありません。犬だって同じです。よく見る犬もいれば、そうでない犬もいる。「うちの子はそうなんだ」と思えばそれでいいのです。

**「マニュアルに書いてあったのにできないなんて、うちの犬はおかしい」となると目の前**

**の犬の本当の気持ちは伝わってこなくなります。**

飼い主さんの目をよく見つめる子もいますが、そうでない子もいます。目をそらす子は自信がないタイプが多いと言われることが多いようですが、心が広く、おおらかな犬たちもたくさんいます（私の愛犬、ロックはよく目を見る子でした。コタローは見つめるとよく目をそらす子でした。自信がないタイプと言われることが多いようですが、そんなことはありませんでした。心が広い、おおらかで天使のようなやさしい犬でした）。

犬たちが目を合わせたり合わせなかったりすることの意味は、「こう見るときはこういう理由です」などとシンプルに説明できるような軽いものだとは、私は思っていません。たくさんの犬たちと向き合ってきて、**個体によってそれぞれ「見つめ合う」という行動の意味は違うだろうと思うので、「うちの子は今どういう気持ちなんだろう？」と想像したり、理解して受け入れたりするのを楽しめることこそ、「飼い主になる」ということなのではないでしょうか。**

もちろん何か特別なことを教える訓練などでは、アイコンタクトが必要なときもあるかと思いますが、一般の生活ではあえて強いるようなことをしない方が「彼らの意思で目が合う」ことを楽しめるので、一緒に暮らす幸せを感じられるのではと思います。

## Q お留守番のとき、ハウスのある部屋が静かすぎると社会化が遅れる？

### A 問題ありません

社会化とは、主に家族以外の人、家の中にないものに慣らしていく作業のことを言います。なので、お留守番中にハウスがある部屋が静かすぎても社会化には影響ありません（お留守番中に社会化はできません）。

逆に、家にいるときに子犬が反応するからといって、必要以上に音を立てないようにする必要はありません。**無理に大きな音を出す必要はありませんが、ふだんの音には慣れてもらった方がいいので、普通に生活してください。そうじ機、携帯電話の呼び出し音など、特別な音に反応するようなら慣らすようにしてやる必要があります。**

飼い主さんが常に音楽を流していたりラジオやテレビをつけっぱなしにしている場合、留守番中も同じようにすると、犬が安心しやすいかもしれません（古いものだったようですが、テレビをつけっぱなしにしていたら発火したことがあったようなので要注意です）。

社会化は、犬が人と人間社会で暮らすためにやっておいた方がいいことです。人も犬も、ストレスを少なくすることができます。

人間に対する社会化は、老若男女、おとなしい人、騒がしい人、いろんな人とふれあわせたいものです。地域によりますが、外の環境は家の中と違い、犬にとって刺激が強くなります。いろいろな音、におい、動くもの。特に、歩いている人、走っている人、自転車、自動車、大型自動車などは、最初は怖がりますので、大丈夫そうな距離をしっかりとって、犬に紹介して慣れてもらいましょう。怖がっていたら「大丈夫」と声をかけて撫でたりして安心させてやりましょう。

「それをやるとわざと怖がるようになる」という説がありますが、「わざと怖がる」ことなど可能でしょうか？　怖がるのは怖いからで、怖がれば撫でてくれると思ってする場合は、要求の行動です。わざとできるようになったなら、恐怖は消えて社会化はすんだことになりますから、あとはその行動をしないようにトレーニングすればいいだけです。

飼い主さんとして大事なのは、愛犬に悪い影響を及ぼしそうな人がいて「この人キケン」と感じたら、触らせないよう回避したり、上手に距離をとるなどの対応をすることです。愛犬の様子をよく見ずグイグイ近づいてくる「自称・犬に慣れてる人」は要注意です。

## Q 来客時、ふるえている（散歩では他人にふるえたりしない）。テリトリーに入ってくる他人が怖いのかな？

### A 怖いようなので、子犬の場合にはお客さんに慣らしてあげる必要があります

しばらくしても（個体差はありますが、子犬の場合はふれあってから10分以内くらい）お客さんとふれあえない場合、怖がりは少々深刻かもしれません。

成犬の場合、犬が苦手な人にはなつきにくい傾向がありますが、飼い主さんにはなついている場合、時間をかければ知らない人にも慣れる可能性はあると思います。

しかし、短時間滞在するお客さんとは触れ合えないことが多いです。もちろん、それが大きな問題になることはないと思いますが、怖がる必要がないものを怖がることは、人生ならぬ「犬生」を生きづらいものにしてしまうので、慣らしてあげたいものです。

知らない人が入ってきても、うれしくてそばに近づける子犬は多いです。私の経験ではほとんどが平気でぴょんぴょん近づいてきてくれる子犬で、将来的に心配は少ないです。

最初は怖くて近づけなくても、1レッスン（90～120分）一緒にいたら遊べるように

なったという子犬たちは、慎重に社会化してやれば大丈夫という感じです。

最後まで触れなかった子犬は数頭いましたが、少々深刻なケースかと思います。うまく社会化すれば、恐怖と緊張はだんだんゆるんでくると思いますが、元々の性質もあるので、無理をさせすぎると心が壊れてしまいます。犬たちの器がどのくらいか、どのくらいの刺激なら克服できそうか、よく見極めてつきあう必要があります。

怖がる子犬に無理やり服従姿勢を取らせ、飼い主さんに「犬に負けるな」と檄を飛ばすようなパピー教室には絶対に行ってはいけません。「しつけ」、「社会化」と称して子犬の心をめちゃくちゃにし、激しくかみつく犬にしてしまったケースを何件も見てきました。

子犬の時期には社会化をしてやることが大切ですが、がんばって社会化をしてもなかなか慣れることがなかった場合、それをそのまま受け入れてやる覚悟が必要です。自分にとって都合がいい犬であって欲しいと求めるのではなく、その犬のすべてを受け入れて理解し、ありのままのその子を愛せる飼い主さんであって欲しいと願いたいです。

**I love you, because you are you.**
条件付きでなく「あなたがあなただから愛しています」と言える人でありたいですね。

column 8
# ドッグランに行く前に

ドッグランに憧れて、連れて行きたい飼い主さんは少なくないと思います。楽しそうに走り回る愛犬の姿を見て、うれしくない飼い主さんはいないでしょう。

レッスンで、「ドッグランに連れて行っても走らない」と話される飼い主さんもいますが、ドッグランでの楽しみ方は犬たちに任せてみてはいかがでしょう。

遊び上手な犬に教わって、走り回る楽しさを覚えることもあるようです。走らないでプロレズごっこを楽しむ犬もいます（私もできれば走り回って欲しいと思うのですが…）。

「うちの子は他の犬が苦手だから、慣らしてあげるために」とドッグランに連れていく飼い主さんもいますが、犬の年齢によっては逆効果になるので注意が必要です。

1歳くらいまでなら、遊び上手な犬とふれあうことで慣れていくこともありますが、2歳、3歳くらいになると、なかなか慣れないことも少なくありません。

場合によっては、他の犬に追いかけ回されてしまったり、吠えかかられたりして、かえってドッグランや他の犬が嫌いになってしま

うこともあります。

「他の犬と仲良くして欲しい、遊べた方が楽しいだろう」という飼い主さんの思いを押し付けてしまうことで、愛犬にストレスを与える結果になってしまうこともあるので、よく愛犬を観察して利用したいものです。


現場で監視する人がいないドッグランでは事故も起きているようです。

おもちゃを取られた・壊されたとか、首輪をかみちぎられたという話を聞いたことがあります。

それくらいならまだいいですが、かんだりかまれたり、首をくわえられて振り回されたり、ケガをさせられたり、死亡に至ったケースもあります。

そう考えると怖い場所でもありますが、上手に使えれば犬たちにとっても楽しい場所であることは間違いありません。
利用するときはマナーを守りましょう。
絶対に愛犬から目を離してはいけません。
また、「オイデ」ができるようにしてから行くようにしましょう。

column 9

# 保護犬を迎える

ペットショップで売られている子犬の多くは、繁殖場から連れてこられ、競り市にかけられ、バイヤーと呼ばれる仕入れをする人が競り落とし、段ボールの箱に入れられてショップに輸送され、ガラスケースの中に展示されます。

競り市の近くに、商品にならないということで不要になった犬を置いていく施設があります。

エリオス（6歳♂）とクロノス（5歳♂）は、そこに置いていかれた犬たちでした。

メスは目が見えなくても、子宮が健康であれば子供を産むことができるので、その施設から連れ出してくれる別の繁殖業者がいる可能性があります。

しかしオスは子犬を産むことはできないので連れ出してもらえないし、食べるものをもらえずに死んでしまう可能性があり、保護団体さんが助け出してくれました。

エリオスは生まれつき全盲です。右目にはビー玉のような眼球があります。目としての機能はありません。左目はほとんどありません。生まれつき目が見えない子犬を飼ったことはなかったので、正直いって一緒に暮らすことに不安がありました。

しかしエリオスは、そんなものがとんでもない取り越し苦労であることを教えてくれました。

私はそれまで、プロとして「犬たちの限界を飼い主さんが決めてはいけません!」と言っていました。にもかかわらず、「エリオスは全盲だから、投げたオヤツやおもちゃを取ることはできない」と決めてつけていました。なんて愚かだったことか…。

私がうまく投げてやれば(これが非常に難しいのですが)オヤツを口の中に入れることもできるし、おもちゃだってくわえることができるのです。

クロノスは片目を失明しています。

我が家に来たときはとても小さな子犬だったのですが、クロノスがお世話になったトリマーさんたちから、「体の大きさに対して足もマズルも太すぎる!」と言われていました。商品にならないということで、ごはんをあまりもらえてなかったのかもしれません。

それからグングン大きくなり、いまでは10kg近い立派なミニチュア(?)シュナウザーになりました。

太っているわけではなく、クロノスの骨格には10kg弱がふさわしいようです。

犬を迎えるとき、ブリーダーやペットショップから購入すること以外に、保護された犬を迎えるという選択肢もあります。

まずは、保護団体さんが開催している、「譲渡会」と呼ばれるものに、足を運んでみてください。

## おわりに

人と出会って、犬は確実に進化したと感じます。犬と暮らすことに喜びを感じる人も、何かが変わると思えてなりません。犬と一緒に暮らしたことがある人は、犬は飼い主が少しでも弱みを見せたら支配者の座を狙おうとする動物ではないということを知っているでしょう。彼らはただ、安心して一緒にいられる家族を必要としているだけなのです。

親しい友人たちが猫を飼っているのですが、彼らの猫との向き合い方を見ていると、考えさせられることがあります。犬の飼い主さんたちと一番違うと感じるのは、「猫たちが何をしたいかを常に考えて、ストレスが少ないように最大の配慮をしている」という点です。

犬の場合、私たちはどちらかというと、愛犬が何をしたいかよりも、どうしたら「してほしくないこと」をしないでもらえるかを考えてしまうのでは……。そういう問題意識から、私は「よりそイズム®」というライフスタイルを提案しています。

3つの原則があります。最初の2つは、

**1．社会や他人に迷惑をかけない**
**2．飼い主さん、本犬に危険が及ばない**

のであれば、できるだけありのまま、犬たちが犬としてやりたいことをさせてやろう！という姿勢です。もうひとつは、

## 3. お互いハッピーならお願いしよう！

というものです。幸い、犬はお願いしたらやってくれる動物です。人と犬がお互いにハッピーになれるという条件が成立するなら「お願い」しましょうというものです。

飼い主さんから「うちの子はすぐスリッパをかじっちゃうんだけど、やらせておいてもいい？」と質問されることがあります。これを3原則に当てはめて考えてみると、

①社会や他人に迷惑はかかりません（他人の家ではかかることもあります）。

②かじっているだけなら、飼い主さんも犬も危険ではありません。

ただ、かじったものを飲み込んだ場合、吐くかウンチで出てこないとお腹のどこかでひっかかっていることになり、具合が悪くなることがありますので、飲み込むのはNGです。

③スリッパをただ取り上げるのでは、飼い主さんはハッピーでも犬はつまらないでしょうからNG。「オヤツと交換してあげる」なら犬もハッピーなのでOKということになります。

どうしてもスリッパをかじってほしくない場合、犬の届かないところに置くという対処もあります。別のかじって楽しいものを与えてあげましょう（届かないところに置くことで、人も犬も困ることなく、お互いハッピーな気持ちでいることができます。そうした配慮も「よりそイズム®」なのです）。

このように、「スリッパをかじる」ひとつとってみても、飼い主さんがどんな「ライフ

スタイル」を持っているかによって、良いとするか悪いとするかが分かれます。

ここでいうライフスタイルとは、その人が持っている行動の原理で、ある出来事に対してどう考え、それによってどう行動するか、その人の生き方を意味する、アドラー心理学の言葉です。犬の「吠える」「かむ」などの行動を受け入れられるのか、拒否するのか。人の気持ちや行動は、「ライフスタイル」によって変わります。犬たちを受け入れ、必要であればお願いするという姿勢、「よりそイズム®」というライフスタイルを持っていただくことで、愛犬をよりハッピーにしてあげられると信じています。

人の都合に合わせて犬の行動を変えさせるのではなく、愛犬たちが本当の意味で幸せに生きられるように人の考え方を変えるため、私は「メンタルドッグコーチ®」という職業をつくり、一般社団法人 日本メンタルドッグコーチ協会を立ち上げました。犬たちを窮屈な「しつけ」から解放して、人との共生がもっと楽しくなり、人も犬もハッピーに暮らせるようサポートする仕事をする人たちを養成しています（私自身もコーチのみなさんと一緒に、一生学び続けると心に決めています）。

ここまで「やってはいけない」という視点からお伝えしてきました。

最後に「ぜひやっていただきたいこと」という角度からまとめて、結びとさせていただきます。一緒に、犬たちを窮屈なしつけから解放しましょう！

# 愛犬の本当の幸せのために ぜひやっていただきたいこと

## ①

### ハウスは安心・安全な場所だと教えましょう

人と犬との共生において大切なトレーニングだと思います。「閉じ込めるのはかわいそう」と思う方もいるかもしれませんが、そんなことはありません。安心・安全のために必要です（12ページ参照）。

## ②

### トイレを教えましょう

人との共生において、衛生的にもどうしても必要になってくるのが、適切な場所で排泄してもらうことです。犬は、「自分のにおいをつけるために、好きなところでマーキングしたい」と思う生き物です。しかし上手にお願いできればこちらが望むところで排泄してくれる動物でもあります。根気よく教えましょう（14ページ参照）。

## ③
## 「叱らない」で「教える」気持ちで接しましょう

たとえば愛犬が「オスワリ」をできないと、「なんでできないんだろう?」と思いますよね。「なんでできないの!」と叱ってしまう人をたくさん見てきました。正直なところ、できないのは飼い主さんが上手に教えられていないからです。叱らずに、まずは飼い主さんが教え方を学びましょう。場合によってはプロのサポートも視野に入れましょう。

## ④
## 遊び上手、ほめ上手になりましょう

遊び上手になるためには、飼い主さんも楽しむことが大切です。「〜すべき」「〜すべきではない」は忘れて、愛犬と楽しく向き合いましょう。たくさんほめることで、愛犬との関係はどんどん良くなります。小さなことでもほめられる飼い主さんになりましょう。

## ⑤
## 犬が安心できる環境を整えましょう

愛犬だけの場所を作ってやることは、犬が安心してすごすためにとても大切です。そこにいるときは、できるだけそっとしておくようにしましょう。

## ⑥
## 愛犬がやりたいことをできるように工夫しましょう

犬という動物がしたいことは、安全なことを確認したうえで、できるだけさせてやりましょう。ベッドやクッションをかじるのは、犬にとっては楽しいことです。どうしても困る場合には、愛犬が届かないよう、高いところに置いたり柵で囲うなど工夫をしましょう。

## ⑦ 犬がやりたくないことを無理強いしないようにしましょう

たとえば愛犬が服を着るのを嫌がるなら、どうしても着せなければいけないわけでなければ着せないようにしたいものです。他の犬や人を怖がるなど、社交的でない愛犬を頻繁にドッグカフェやドッグランに連れて行っているとしたら、ストレスになっていないか、よく観察して、今後もそうするべきか考え直してみるのもいいでしょう。

## ⑧ 愛犬と一緒に散歩を楽しみましょう

混雑しているところでは難しいですが、リードでちゃんとコントロールできて、安全が確保できる環境なら、ある程度は犬が歩きたいように歩かせてやるのもいいでしょう。お互いが楽しみながら歩けるようにするには、プロのサポートも視野に入れましょう（残念ながらリードで首にショックを与えてしつける方法を使うトレーナーも少なくないのが現状です。依頼して愛犬との関係を壊してしまったお客様もいらっしゃいます。トレーナーに依頼する場合そうした方法を使わないことをしっかり確認するようにしてください）。

## ⑨ 無理強いをしない程度に、人間社会に対して社会化をしましょう

犬にとって、慣れていない人や物が多い環境だと生きることがつらくなる場合があります。愛犬が一生のうちに出会う可能性があるものには、できれば子犬のうちに慣らしておきましょう。ひどく怖がる場合には、プロのサポートも視野に入れましょう。

## ⑩ 飼い主として、いつでもおだやかで、気持ちが安定した人であるよう心がけましょう

飼い主さんの心の状態は、愛犬に伝わります。いつもおおらかに、心にゆとりをもって接するように心がけましょう。そのためには自分自身もハッピーでいられることが大切です。笑顔でいられるために、自分へのごほうびも忘れずに！

人生を自由自在に活動《プレイ》する

青春新書 PLAYBOOKS

## 人生の活動源として

いま要求される新しい気運は、最も現実的な生々しい時代に吐息する大衆の活力と活動源である。

文明はすべてを合理化し、自主的精神はますます衰退に瀕し、自由は奪われようとしている今日、プレイブックスに課せられた役割と必要は広く新鮮な願いとなろう。

いわゆる知識人にもとめる書物は数多く窺うまでもない。

本刊行は、在来の観念類型を打破し、謂わば現代生活の機能に即する潤滑油として、逞しい生命を吹込もうとするものである。

われわれの現状は、埃りと騒音に紛れ、雑踏に苛まれ、あくせく追われる仕事に、日々の不安は健全な精神生活を妨げる圧迫感となり、まさに現実はストレス症状を呈している。

プレイブックスは、それらすべてのうっ積を吹きとばし、自由闊達な活動力を培養し、勇気と自信を生みだす最も楽しいシリーズたらんことを、われわれは鋭意貫かんとするものである。

―創始者のことば― 小澤和一

著者紹介

中西 典子〈なかにし のりこ〉

家庭犬訓練所勤務ののち、「ドッグテックインターナショナル」(オーストラリア)にてドッグトレーニングアカデミーを修了。帰国後、2002年にしつけの出張指導を行う「Doggy Labo」を立ち上げる。日本メンタルドッグコーチ協会代表理事、アラン・コーエン公認ライフコーチ、プロフェッショナルドッグセラピスト。K９ゲームオフィシャルプロメンバー。

「社会と他人に迷惑をかけない」「飼い主と犬に危険が及ばない」を原則とし、常識や固定観念に縛られない新しいしつけを「よりそイズム®」として提案、愛犬になるべくガマンさせず犬らしい生活を送らせつつ、人も快適に暮らせると大人気、新時代ドッグトレーナーの旗手として活躍中。著書に『犬とのよりそイズム』等。「愛犬の友」にて好評連載中(「中西がゆく!」)。


やってはいけない愛犬《あいけん》のしつけ　青春新書 PLAYBOOKS

2019年５月１日　第１刷

著　者　中《なか》西《にし》典《のり》子《こ》

発行者　小澤源太郎

責任編集　株式会社プライム涌光

電話　編集部　03(3203)2850

発行所　東京都新宿区若松町12番1号 〒162-0056　株式会社青春出版社

電話　営業部　03(3207)1916　振替番号　00190-7-98602

印刷・大日本印刷　製本・フォーネット社

ISBN978-4-413-21133-8